CRÍTICA DA ESTRUTURA DA
ESCOLA

CB012041

Dados Internacionais de Catalogação na Publicação (CIP)
(Câmara Brasileira do Livro, SP, Brasil)

Paro, Vitor Henrique
    Crítica da estrutura da escola / Vitor Henrique Paro. — 2. ed. —
São Paulo : Cortez, 2016.

    Bibliografia.
    ISBN 978-85-249-2425-5

    1. Didática 2. Diretores escolares - Brasil 3. Educação - Brasil
4. Ensino 5. Ensino fundamental - Brasil 6. Escolas - Organização e
administração 7. Professores - Formação profissional I. Título.

15-10969   CDD-370.981

Índices para catálogo sistemático:
1. Crítica da estrutura da escola : Educação   370.981

Vitor Henrique Paro

CRÍTICA DA ESTRUTURA DA
ESCOLA

2ª edição

1ª reimpressão

CORTEZ EDITORA

CRÍTICA DA ESTRUTURA DA ESCOLA
Vitor Henrique Paro

Capa: aeroestúdio
Preparação de originais: Jaci Dantas
Revisão: Ana Paula Luccisano
Composição: Linea Editora Ltda.
Coordenação editorial: Danilo. A. Q. Morales

CORTEZ EDITORA
Rua Monte Alegre, 1074 – Perdizes
05014-001 – São Paulo – SP – Brasil
Tel.: (55 11) 3864-0111   Fax: (55 11) 3864-4290
Site: www.cortezeditora.com.br
e-mail: cortez@cortezeditora.com.br

Impresso no Brasil – julho de 2018

Sumário

Lista de siglas 7

Prefácio à 2ª edição 9

Introdução 13

Capítulo 1 — A estrutura da escola e a educação 19

Capítulo 2 — Estrutura da escola e direção colegiada 35

  1. A importância da estrutura 35

  2. Administração de empresas e administração escolar 38

  3. O administrativo e o pedagógico 42

  4. O papel do diretor 45

  5. A escolha do diretor 48

  6. A formação do diretor 57

  7. Estrutura atual da escola 60

  8. Conselho de escola e associação de pais e mestres 62

  9. Direção colegiada 65

 10. Aracaju: o conselho diretivo como elemento da gestão
     democrática 72

Capítulo 3 — A estrutura da escola fundamental e a Didática 83

   1. O esteio da Didática: querer aprender....................... 85

   2. O temor à Didática... 92

   3. Derrubar as paredes 98

   4. Ciclos e progressão continuada 108

   5. Coordenação pedagógica e supervisão escolar..................... 115

   6. Avaliação externa.. 118

Capítulo 4 — A estrutura da escola e as questões curriculares........... 129

   1. A cultura como matéria-prima do currículo......................... 132

   2. O direito à cultura.. 140

   3. Os educadores escolares e o currículo 143

Capítulo 5 — Estrutura da escola e trabalho docente........................ 155

   1. Assistência pedagógica 156

   2. Condições objetivas de trabalho.................................... 167

   3. Gestão do tempo 177

Capítulo 6 — Estrutura da escola e autonomia do educando............. 183

   1. A questão da autonomia 183

   2. A autonomia na prática.. 186

Capítulo 7 — Estrutura da escola e integração da comunidade.......... 199

   1. Sentidos e limites da participação da comunidade 200

   2. Dificuldades... 204

   3. Perspectivas 214

Considerações finais... 227

Referências.. 245

Lista de siglas

Anpae	Associação Nacional de Profissionais de Administração da Educação
APF	Associação de Pais e Professores
APM	Associação de Pais e Mestres
ATP	Assistente Técnico-Pedagógico
CE	Conselho de Escola
Cefam	Centro Específico de Formação e Aperfeiçoamento do Magistério
CPM	Círculo de Pais e Mestres
DE	Diretoria de Ensino
E. E.	Escola Estadual
Emef	Escola Municipal de Ensino Fundamental
Emei	Escola Municipal de Educação Infantil
Gepae	Grupo de Estudos e Pesquisas em Administração Escolar
HTPC	Horário de Trabalho Pedagógico Coletivo
Inep	Instituto Nacional de Estudos e Pesquisas Educacionais Anísio Teixeira
OFA	Ocupante de Função-Atividade
PT	Partido dos Trabalhadores
Saeb	Sistema Nacional de Avaliação da Educação Básica
Saresp	Sistema de Avaliação do Rendimento Escolar do Estado de São Paulo
Sesc	Serviço Social do Comércio

Prefácio à 2ª edição

Uma postura mais francamente afirmativa com relação à necessidade de transformação da atual estrutura da escola básica, que parece verificar-se tanto no meio acadêmico relacionado à pesquisa em educação quanto entre educadores escolares, talvez tenha contribuído para a boa acolhida à primeira edição deste livro. As razões que respaldam essa postura estão em alguma medida contempladas nesta obra e se sintetizam na convicção de que uma educação escolar de qualidade requer formas de ensino e condições de trabalho que sejam compatíveis com seus objetivos de formação humana, o que a atual estrutura escolar está longe de favorecer.

Por outro lado, na contramão dessa convicção, as políticas públicas educacionais cada vez mais se orientam para o reforço de uma estrutura comprometida com determinada forma de ensinar há muito superada na teoria e na prática pedagógicas. Em grande medida essa orientação política pode ser explicada por dois fenômenos presentes nas políticas educacionais e que, em trabalho recente (PARO, 2013), chamo de *razão mercantil* e *amadorismo pedagógico*. A primeira, ao tentar reduzir tudo à imagem e semelhança do mercado, ignora a especificidade da escola e procura aplicar aí a lógica mercantil, como se a escola fosse uma empresa como outra qualquer. Na falta de um conhecimento especializado e mais preciso sobre o educativo, apela para o amadorismo pedagógico, que consiste precisamente em aderir ao mais rasteiro senso comum em educação, ignorando séculos de história da educação e avanços científicos na elucidação do modo como as pessoas aprendem e na proposição de novas maneiras de ensinar.

Diante da importância decisiva da compreensão do processo pedagógico para a adequação da estrutura da escola a sua missão educativa, a preocupação precípua na revisão feita no texto para esta segunda edição foi a de tornar o mais claras possíveis as referências ao processo ensino-aprendizagem em sua especificidade. Assim, além da eliminação de algumas incorreções textuais ainda remanescentes na edição anterior, procurou-se tornar mais rigoroso o emprego de termos e expressões, ao se referir ao processo pelo qual se realiza a apropriação da cultura, na relação educativa.

Embora uma preocupação importante do livro tenha sido a de explicitar a natureza do processo ensino-aprendizagem, superando a postura equivocada de tomá-lo como mera "transmissão" de conhecimentos, em várias passagens ainda se utilizavam esse termo e seus sinônimos, metaforicamente, para se referir ao processo pelo qual se produz a apropriação do saber por parte do educando.

Em verdade, o termo transmissão pode sempre ser usado como metáfora, como quando se diz que a emissora de TV transmite um jogo de futebol. Na verdade, o que ela *transmite* são ondas eletromagnéticas que se transformam em imagens nos televisores domiciliares. O jogo de futebol está acontecendo e permanece lá no estádio, sem ser transmitido (literalmente) para lugar nenhum, mas todo mundo entende isso e diz (metaforicamente) que o jogo está sendo transmitido. Em educação, entretanto, embora a metáfora continue sendo válida, é muito recomendável que se evite seu emprego para que se supere a concepção tradicional do senso comum que não consegue vê-la como metáfora e assume que a transmissão se dá de modo literal.

Este é um dos grandes equívocos do amadorismo pedagógico: tomar a palavra ao pé da letra e acreditar, contra a ciência e contra a política, que há de fato a transmissão (literal) de algo, do educador para o educando. Isso tem consequências nefastas para a educação, tanto em termos técnicos quanto em termos políticos. Em termos técnicos, consubstancia-se na negligência na *forma* de ensinar, restringindo-se a um "conteudismo" vazio que omite a circunstância de que, em educação, método é também conteúdo. Em termos políticos, há a negação da condição de sujeito do educando que, em vez de ser tomado como um ser de vontade e de autonomia que lhe permitem *se* educar, é tido como elemento passivo que recebe aquilo que a escola pretende lhe "transmitir".

O educador não é um transmissor, mas sim um *divulgador* de elementos culturais. Estes são *apropriados* pelos educandos, que portanto agem (trabalham) como sujeitos, não como meros receptores ou depositários de saberes. Neste sentido, nem mesmo um jornal ou um livro transmitem conhecimentos e informações; eles os *divulgam*, apenas. Para que haja a assimilação desses conhecimentos no cérebro humano, é preciso que o leitor, por um *ato* de *vontade*, leia o texto e reflita sobre seu conteúdo, construindo, assim, sua cognição.

Mas *a função educadora não se restringe à divulgação*. É preciso que se propiciem condições para que o educando *queira aprender* e se ponha a *trabalhar* nesse sentido, construindo a cognição. Por isso, a ação do educador não é de mera divulgação, ou melhor, essa divulgação deve ter uma impregnação ética, pois "querer aprender" é um *valor* produzido historicamente. É preciso, portanto, da parte do educador, além de seu compromisso com a causa educativa, conhecimentos, habilidades e meios técnico-pedagógicos, para a produção de uma relação verdadeiramente pedagógica, que, em última análise, se trata de uma relação político--democrática.

Como se percebe, a palavra transmissão não pode expressar toda essa complexidade, nem existe uma palavra ou uma expressão única que a substitua, a não ser o próprio termo educação (ou ensino), desde que esta seja entendida nos termos aqui enunciados. Mas existem outros termos que podem expressar os elementos ou momentos desse processo: *apropriação*, *aprendizado*, *incorporação*, do lado do educando; *divulgação*, *difusão*, *ensino*, do lado do educador.

É bem verdade que todos esses termos podem estar subentendidos, *metaforicamente*, na palavra "transmissão". Esse uso é frequente mesmo entre as pessoas que têm consciência do verdadeiro significado da relação pedagógica. Foi o procedimento adotado, por exemplo, na primeira edição desta obra. Embora não considere errado isso, a importância que atribuo à real compreensão do fato pedagógico, como requisito para qualquer encaminhamento de soluções à equivocada maneira de ensinar disseminada na escola, na família e na sociedade em geral, tem-me levado a considerar que vale a pena um esforço maior na exatidão da linguagem. Por isso, na presente edição, além de introduzir observação tornando mais claro o significado do processo pedagógico e as formas de nominá-lo, procedi também a uma revisão no emprego da palavra transmissão e seus derivados e sinônimos, buscando substituí-los, quando pertinente, por palavras que expressem mais explicitamente o fato ou relação referidos.

São Paulo, agosto de 2014.

Vitor Henrique Paro

Introdução

Este livro trata da escola básica, com especial destaque para o ensino fundamental.

Embora quase sempre ignorado pela literatura não especializada em educação e pelas pessoas pouco familiarizadas com os assuntos do ensino e do desenvolvimento humano, a escola não é homogênea em seu funcionamento e propósitos quando considerados seus diferentes níveis de ensino. Métodos e processos de ensino, procedimentos avaliativos, conteúdos culturais e papéis sociais dos indivíduos envolvidos são, certamente, de natureza diversa, por exemplo, quando se trata da preparação para uma profissão, no ensino superior, ou da formação da personalidade humano-histórica, no ensino fundamental. No primeiro caso, os estudantes são jovens e adultos que, por suposto, já detêm plena capacidade de abstração e podem assumir autonomamente a condição de sujeitos de seu aprendizado na interlocução com seus professores. No segundo, os educandos são crianças e adolescentes, passando por um longo período de desenvolvimento biológico, psíquico e social, que se inicia no nascimento e que requer cuidados específicos e adequados aos diferentes ciclos de transformações, quer da inteligência e da capacidade de aprender, quer da personalidade globalmente considerada.

Ao falar, portanto, sobre a estrutura da escola, é a essa realidade do ensino básico, com ênfase no ensino fundamental, que estarei me referindo, considerando que a especificidade dos fins visados e a condição dos sujeitos envolvidos é que devem determinar modos de organização e funcionamento das instituições escolares. A esse respeito, no decorrer de mais de trinta anos de estudos e reflexões sobre a educação e a gestão escolar, formei a convicção de que a estrutura da escola atual não se tem mostrado adequada aos fins educativos proclamados pelas concepções pedagógicas comprometidas com a emancipação cultural do indivíduo e com a construção da sociedade democrática.

Este livro constitui, nesse sentido, uma crítica à estrutura da escola atual. Não há, entretanto, a pretensão de oferecer uma proposta ideal e acabada de estrutura, mas apenas contribuir para a discussão do tema, oferecendo subsídios teóricos sobre a organização e funcionamento da instituição escolar e sobre as potencialidades que se identificam na realidade, com vistas a facilitar o surgimento de propostas alternativas que emanem do fazer pedagógico para reforçá-lo e torná-lo cada vez mais possível.

O livro foi escrito tendo como fundamento os resultados de pesquisa recente cujo objetivo foi estudar as dimensões e a viabilidade de uma estrutura da escola fundamental compatível com uma educação entendida como prática democrática. Mas é também produto das reflexões propiciadas por minha prática como educador e pelas várias pesquisas empíricas que realizei nas últimas décadas, com o propósito de estudar a escola e sua administração. (Paro, 1986, 1995, 2000, 2001b, 2003, 2007, 2010b)

A investigação recente, realizada com o fim específico de estudar a estrutura da escola fundamental, realizou-se no período de março de 2007 a fevereiro de 2010, a partir de trabalho de campo levado a efeito em escola pública fundamental localizada no município de São Paulo. A pesquisa privilegiou técnicas qualitativas de análise porque esta opção é a que permite mais adequadamente examinar em profundidade os múltiplos aspectos do objeto em estudo. Os procedimentos metodológicos utilizados nessa investigação foram bastante semelhantes aos usados em pesquisas que realizei anteriormente (Paro, 1995, 2000, 2001b, 2007), por isso, repito aqui, resumidamente, as observações gerais sobre a metodologia já utilizada nesses trabalhos.

O propósito da investigação qualitativa não é a busca da representatividade estatística dos fenômenos que estuda. Como afirma Guy de Michelat (1987, p. 199), "numa pesquisa qualitativa, só um pequeno número de pessoas é interrogado. São escolhidas em função de critérios que nada têm de probabilistas e não constituem de modo algum uma amostra representativa no sentido estatístico." No dizer de Robert E. Stake (1983), a pesquisa qualitativa, "caracterizada por dados obtidos a partir de um pequeno número de casos sobre um grande número de variáveis" (p. 20), produz "generalizações naturalistas", mas, "se os dados qualitativos forem adequadamente apresentados, o leitor achar-se-á em condições de aceitar ou rejeitar as conclusões dos pesquisadores, em posição de modificar ou aprimorar suas próprias generalizações" (p. 22).

Assim, "o fato de, no caso em estudo, encontrar-se presente determinado fenômeno ou particularidade do real, não significa que tal ocorrência seja generalizada; nem se trata de prová-lo" (PARO, 1995, p. 28). Na pesquisa em pauta, não se tratou de verificar, prioritariamente, a incompatibilidade prática entre a estrutura atual da escola e a educação entendida como prática democrática, nos termos em que explicitaremos neste livro, nem interessava medir com que frequência isso ocorre no sistema como um todo. Quando se parte para esse tipo de estudo, já se está convencido da presença do fenômeno, ainda que não se tenha com precisão sua frequência e extensão. Em termos da pesquisa aqui considerada, o que interessa é o exame detido da atual estrutura da escola, e a busca de sua potencialidade para transformar-se numa estrutura compatível com a educação como prática democrática, verificando os óbices e as potencialidades dessa transformação.

A coleta de dados empíricos deu-se por meio de observações e entrevistas, sendo estas do tipo semiaberto e envolvendo professores, funcionários, coordenação pedagógica e direção da escola. Conquanto se tenha utilizado um roteiro semiestruturado e precário dos temas abordados, tal instrumento procurou ser bastante flexível, supondo uma postura também bastante elástica do entrevistador, de modo que o entrevistado discorresse amplamente e sem constrangimentos a respeito do tema solicitado.

Além disso, pretendeu-se que as observações e entrevistas não se detivessem em seu aspecto passivo, mas, aliado a ocasiões em que o pesquisador se comportou muito mais como observador e ouvinte, seu papel incluiu também momentos de expressão de opiniões e pontos de vista. Assim, buscou-se antepor, nas entrevistas, algum tipo de questionamento às informações e opiniões expressas pelos depoentes. Esse mecanismo é recomendado por Michel Thiollent (1987), para quem, não obstante as críticas que podem ser suscitadas a respeito da "imposição de problemática", "é justamente o questionamento que deveria superar a unilateralidade da observação do outro ao permitir uma real intercomunicação" (p. 23-24). Para o estudo do tema objeto da pesquisa realizada, era importante estabelecer um diálogo, que incluísse a contraposição de pontos de vista divergentes aos dos entrevistados, de modo a fazê-los refletir sobre questões que, ou não se fazem usualmente presentes em seu dia a dia, ou não aparecem explícitas em seu discurso. Obviamente, não se tratou de entrar em conflito com o entrevistado de modo a comprometer sua espontaneidade ao se expressar, mas de problematizar algumas de suas falas, aprofundando com ele a reflexão sobre o assunto e verificando suas ponderações diante de posições divergentes (cf. PARO, 1995, p. 25). Desse modo, o trabalho de campo ensejou não apenas a coleta de opiniões e impressões, mas também a discussão, o questionamento e o levantamento de problemas e de propostas.

A escola estadual de ensino fundamental pesquisada, que será aqui denominada E. E. Profa. Célia Silveira Cintra (ou E. E. Célia Cintra, ou Escola Célia Cintra, ou simplesmente Célia Cintra),* está localizada na Zona Oeste da cidade. O bairro é estritamente residencial e foi planejado na década de 1960 pela Cia. City, empresa imobiliária e de urbanização que implantou vários bairros ocupados pelas famílias mais abastadas de São Paulo, como Jardim América, City Pinheiros, etc.

A escola é o único imóvel não residencial, que já existia por ocasião da urbanização do bairro. Quando do loteamento, os terrenos foram comprados por famílias consideradas de "classe" média baixa, mas, com a grande valorização desses imóveis, verifica-se nos últimos anos uma afluência de moradores de maior poder aquisitivo, que compram os imó-

---

* Para manter o sigilo das fontes de informação, o nome da escola, bem como os nomes de todas as pessoas e localidades envolvidas como objetos da pesquisa, são fictícios.

veis e constroem residências de mais alto padrão. Os usuários da escola, entretanto, não são os filhos dessas famílias mais abastadas, que preferem as escolas e colégios privados, existentes nos bairros vizinhos. Os alunos da Escola Célia Cintra são, em geral, filhos de trabalhadores e trabalhadoras que prestam serviços nas residências do bairro ou provêm de alguns bairros vizinhos habitados por famílias de menor poder aquisitivo.

A Escola mantém apenas a primeira parte do ensino fundamental, também chamada de Ciclo I, que agrega alunos do primeiro ao quarto ano desse nível de ensino.[1] Em 2008, por ocasião da coleta de dados, a Escola contava com aproximadamente 400 alunos distribuídos em dois turnos de aulas: o da manhã funcionando das 7h00 às 11h30 e o da tarde das 13h00 às 17h30.

Além do trabalho de campo realizado nessa escola fundamental, a pesquisa considerou também dados e opiniões fornecidos por educadores e administradores escolares do município de Aracaju, capital do estado de Sergipe, que desenvolve uma prática de direção colegiada, em que não há a figura do diretor de escola, e em que a "direção", ou melhor, a coordenação da escola está a cargo de uma "equipe de coordenação da unidade escolar" (ARACAJU, [2003], p. 17), composta por três coordenadores. As informações foram coletadas por meio de reunião realizada em 1º de agosto de 2007, em que, numa espécie de entrevista em grupo, as perguntas eram feitas por mim e respondidas pelos entrevistados presentes: a secretária de educação, a coordenadora geral de uma escola fundamental da rede, um pai de aluno da mesma escola, uma professora do ensino fundamental, um supervisor pedagógico e duas supervisoras pedagógicas, esses três últimos lotados na sede central da Secretaria Municipal de Educação.

Externo meus agradecimentos aos alunos, funcionários, professores, coordenação pedagógica e direção da escola pesquisada, pela cordialidade com que me acolheram e pela boa vontade com que facilitaram o trabalho empírico, bem como aos educadores e administradores escolares

---

1. Nessa ocasião não havia sido implantado ainda o ensino fundamental de nove anos, o que só veio a ocorrer em 2010.

do município de Aracaju, pela simpatia com que me atenderam e presta-
ram as informações solicitadas. Agradeço também aos componentes do
Grupo de Estudos e Pesquisas em Administração Escolar (Gepae), da
Faculdade de Educação da Universidade de São Paulo, que leram a versão inicial deste livro na forma de relatório de pesquisa e apresentaram
críticas e sugestões. Agradecimento especial e carinhoso deve ser prestado a Thais Cossoy Paro, que acompanhou a elaboração do relatório e a
redação do livro, fazendo ponderações críticas, estimulando o trabalho e
colaborando na revisão e melhoria do texto. Agradeço finalmente ao
Conselho Nacional de Desenvolvimento Científico e Tecnológico — CNPq,
cujo apoio financeiro muito contribuiu para a realização da investigação,
e à Faculdade de Educação da Universidade de São Paulo, em cujo De-
partamento de Administração Escolar e Economia da Educação a pesquisa se desenvolveu.

O livro compõe-se de sete capítulos. No primeiro, há a apresentação
geral do problema e a análise das possíveis relações mútuas entre estrutura da escola e educação. Esse capítulo constitui parte modificada de
trabalho publicado em PARO (2008). Pequenos trechos desse mesmo trabalho foram aproveitados nos demais capítulos. No capítulo 2, discuto a
direção colegiada como forma de distribuição democrática do poder na
escola; no 3, analiso a questão da didática e do lugar que ela ocupa como
determinante da estrutura escolar; no 4, é discutida a estrutura curricular
e sua relação com a cultura em suas múltiplas dimensões; o capítulo 5
contempla a discussão do trabalho docente, sua especificidade e suas
implicações para a estrutura da escola; o 6 discute a autonomia do educando como característica imprescindível da prática escolar; e o 7 examina as questões relacionadas à integração da comunidade na escola, tanto
como direito quanto como condição para a boa qualidade do ensino. Finalmente, apresento as considerações finais, com uma síntese das diferentes questões examinadas e uma visão geral das principais ideias
consideradas nos vários capítulos.

Capítulo 1

A Estrutura da Escola e a Educação

Nas últimas décadas, especialmente a partir do início dos anos 1980, tem-se constatado, no Brasil, uma saudável tendência de democratização da escola pública básica, acompanhando em certa medida a democratização da própria sociedade, que se verifica nesse mesmo período. Ressalte-se, de passagem, que o termo democratização não é empregado aqui no sentido de universalização da escola básica, ou de popularização do ensino, para colocá-lo ao alcance de todos. Não obstante a inegável importância desse significado, o que se trata aqui é da democratização das relações que envolvem a organização e o funcionamento efetivo da instituição escola. Trata-se, portanto, das medidas que vêm sendo tomadas com a finalidade de promover a partilha do poder entre dirigentes, professores, pais, funcionários, e de facilitar a participação de todos os envolvidos nas tomadas de decisões relativas ao exercício das funções da escola com vistas à realização de suas finalidades.

As medidas visando à maior participação dos usuários da escola e demais envolvidos em sua prática nos destinos da escola pública básica podem ser agrupadas em três tipos: as relacionadas aos mecanismos coletivos de participação (conselho de escola, associação de pais e mestres, grêmio estudantil, conselho de classe); as relativas à escolha democrática dos dirigentes escolares; e as que dizem respeito a iniciativas que estimulem e facilitem, por outras vias, o maior envolvimento de alunos, professores e pais nas atividades escolares. Neste último tipo incluem-se as iniciativas mais próprias dos sistemas municipais de ensino que, especialmente a partir do final da década de 1980,[1] por estarem sob a direção de governos mais identificados com interesses populares, implementaram medidas visando à melhoria das condições de trabalho dos educadores escolares (como a adoção de horários pagos para planejarem e discutirem sua prática), ou visando à mitigação do autoritarismo das relações pedagógicas (como a implantação da progressão continuada e a superação da reprovação escolar), ou ainda visando à participação da comunidade externa à escola (como as várias iniciativas tendentes a valorizar a aproximação dos pais das atividades escolares e o uso do espaço escolar em horários alternativos às aulas).

Os mecanismos coletivos de participação na escola (Araújo, 1997; Paro, 1995; Russo, 1995) tiveram desenvolvimento e histórias diferenciadas nesse período, com maior ou menor atenção dedicada a eles pelos poderes públicos. A associação de pais e mestres (APM) — ou círculo de pais e mestres (CPM), ou ainda associação de pais e professores (APF), como é denominada em alguns sistemas — continuou, de modo geral, com existência meramente formal, pouco ou nada avançando em termos de uma efetiva participação dos usuários na escola, mantendo-se e sendo valorizada pelo Estado, em vez disso, quase exclusivamente por seu caráter arrecadador de taxas junto à população para garantir a sobrevivência da escola, diante da insuficiência de recursos que lhe endereçam os poderes públicos (cf. Araújo, 1997; Bueno, 1987; Paro, 1995; Trajano, 1989; Russo, 1995). O grêmio estudantil teve história semelhante, mantendo-se como uma alternativa de organização dos estudantes, mas, em geral, sem uma presença significativa que representasse uma participação efetiva e decisiva dos estudantes nas tomadas de decisões na escola, o que não impediu que, em muitos casos, os alunos usassem da presença

---

1. Como foi o caso do Sistema Municipal de Ensino da cidade de São Paulo, sob a gestão de Luiza Erundina, tendo Paulo Freire (sucedido por Mario Sergio Cortella) como secretário de educação, bem como, durante a década de 1990 e inícios da primeira década deste século, dos diversos sistemas sob a gestão de governos com maior identificação popular, como os de Porto Alegre, Belo Horizonte, Blumenau, Diadema e vários outros.

do grêmio para marcar sua ação em favor de uma maior participação discente. (Ferreira, 2002; Garcia, 2003; Pescuma, 1990).

O conselho de classe e o conselho de escola experimentaram vida mais intensa nesse período, despertando maior interesse tanto da academia quanto dos envolvidos em políticas educacionais. O primeiro tem papel proeminente na avaliação escolar e tem sido de importância determinante na participação de estudantes (e mesmo de pais) nas tomadas de decisões a respeito do desempenho pedagógico de professores e demais educadores escolares. (Araújo, 1985; Dalben, 1995; Oliveira, 2006; Rocha, 1982; Sousa, 1995) Embora essa não seja uma prática generalizada, cada vez mais se verifica o desenvolvimento de uma concepção segundo a qual os usuários têm o direito de se familiarizar com o modo de agir pedagógico da escola e podem contribuir com sua opinião, expectativas e interesses para uma prática pedagógica mais adequada. Isso tem sido fomentado especialmente nos sistemas municipais de ensino dirigidos por governos mais sensíveis aos interesses populares que têm investido na melhoria da qualidade do ensino e na maior participação da população na escola.

De todos os mecanismos de ação coletiva na escola, o mais acionado e o que mais suscitou polêmicas, expectativas e esperanças nas últimas décadas foi o conselho de escola. Temido por diretores, que receavam perder seu poder no controle da escola; reivindicado por professores e suas entidades sindicais que pretendiam com ele minimizar o autoritarismo do diretor e ter acesso ao poder nas unidades escolares; e objeto de luta de movimentos populares que viam nele a oportunidade de reivindicar mais e melhor educação, o conselho de escola, junto com a eleição de dirigentes escolares, têm sido os elementos mais conspícuos das políticas educacionais daqueles sistemas de ensino que aceitam o desafio de democratizar a escola. Muito embora suas atribuições de partilha do poder nem sempre (ou quase nunca) se realizem inteiramente de acordo com os desejos de seus idealizadores ou como constam nos documentos legais que o institucionalizam (Paro, 1999), o conselho de escola permanece como um instrumento importantíssimo, se não de realização plena da democracia na escola, pelo menos de explicitação de contradições e de conflitos de interesses entre o Estado e a escola e, internamente a esta, entre os vários grupos que a compõem. Em parte por isso, os conselhos escolares tiveram uma importante difusão pelos diversos sistemas de ensino no país e se mantêm como objeto constante de reivindicação daqueles que não se contentam com as relações heteronômicas e com as desigualdades de direitos vigentes na instituição escolar (ANTUNES, 2002; ARAÚJO, 1997; AVANCINE, 1990; BERKENBROCK, 1993; CAMARGO, 1997; CÓRDOVA, 1997; GAL, 1991; PEPE, 1995; PINTO, 1996; RAMIRES, 1998; RUSSO, 1995).

A escolha democrática de dirigentes escolares é outra medida que tem sido objeto de reivindicação de usuários e servidores da escola e que tem constituído uma espécie de marca dos governos que se têm mostrado sensíveis à necessidade de democratização da instituição escolar. Durante o período considerado (início da década de 1980 até o presente), a eleição de diretores — que no começo encontrou fortes resistências para se instalar — acabou experimentando uma considerável expansão para os vários sistemas de ensino, alcançando todas as regiões do país, a partir das reivindicações dos vários setores da escola e da comunidade que, conscientes da importância do diretor na tomada de decisão na escola e manifestando-se contra seu papel de representante do Estado e de manutenção de seus interesses muitas vezes contra os interesses do ensino, voltaram-se contra as formas de escolha desse profissional que contribuíam para perpetuar esse estado de coisas: a mera nomeação pelo poder governamental — marca do clientelismo e do favorecimento político-partidário –; ou o concurso público — alternativa burocrática, que não leva em conta os problemas de cada escola e os interesses legítimos dos que estarão sob o comando do diretor, além de mascarar o papel nitidamente político da função. Apesar das múltiplas dificuldades e tentativas de minimização de seu caráter político-democrático — como as famigeradas listas tríplices, ou como os sistemas que vinculam a candidatura a pré-seleções de caráter pretensamente técnico, ou como, ainda, os pesos desiguais atribuídos aos votos de professores, funcionários, alunos e pais — e apesar dos problemas decorrentes de certa transposição equivocada de práticas e princípios, próprios das eleições político-partidárias, para a escola (cf. PARO, 2003), a eleição, como forma de escolha do dirigente escolar, tem-se constituído em importante horizonte de democratização da escola para o pessoal escolar e usuários da escola pública básica que a veem como alternativa para desarticular o papel do diretor dos interesses do Estado, nem sempre preocupado com o bom ensino, e articular sua atuação aos interesses da escola e daqueles que o escolhem democraticamente. (CALAÇA, 1993; CASTRO et al., 1991; CASTRO; WERLE, 1991; DOURADO, 1990; HEEMANN; PUCCI, 1986; OLIVEIRA, 1996; PARO, 2003; ZABOT, 1984, 1985)

Todas essas medidas democratizantes, todavia, não conseguiram modificar substancialmente a estrutura da escola pública básica, que permanece praticamente idêntica à que existia há mais de um século.

Essa afirmação, entretanto, exige que se torne mais claro o que se está querendo dizer com a expressão "estrutura da escola". Antônio Cândido, em trabalho que já se tornou clássico para os estudiosos de Administração Escolar, chamava a atenção, em 1956, para a impropriedade de se restringir o conceito de estrutura da escola ao aspecto meramente administrativo, considerando que este "é apenas um elemento da estrutura total da escola" (CÂNDIDO, 1974, p. 107, nota de rodapé). Diz ele:

> A estrutura administrativa de uma escola exprime a sua organização no plano consciente, e corresponde a uma ordenação racional, deliberada pelo Poder Público. A estrutura total de uma escola é todavia algo mais amplo, compreendendo não apenas as relações ordenadas conscientemente mas, ainda, todas as que derivam da sua existência enquanto grupo social. (CÂNDIDO, 1974, p. 107)

Como grupo social, a escola é dotada de um dinamismo que extrapola sua ordenação intencional, oficialmente instituída. As formas de conduta dos indivíduos e grupos que compõem a escola, suas contradições, antagonismos, interações, expectativas, costumes, enfim, todas as maneiras de conviver socialmente, nem sempre podem ser previstas pelas determinações oficiais. Não obstante, apesar da imprevisibilidade dessas relações, elas acabam por constituir um modo de existir ou de operar, envolvido por valores, costumes, rotinas, que lhes emprestam certa "regularidade" que não pode deixar de ser considerada no estudo da escola. Observa-se aqui a importância do pensamento de Cândido, ao chamar a atenção para a necessidade de, ao considerar a estrutura total da escola, não deixar de ter presente essas relações derivadas de sua existência como grupo social. Disso decorre, por sua vez, a preocupação óbvia do estudioso da escola como instituição com as múltiplas e mútuas determinações entre essas relações e os elementos formais deliberadamente instituídos. Estes elementos, embora nem sempre de forma previsível ou intencional — dada a autonomia relativa daquelas relações — não deixam de oferecer limites e, ao mesmo tempo, propiciar condições para o desenvolvimento de condutas, rotinas, crenças, costumes, valores, que perpassam as relações sociais na escola. Para o investigador da realidade escolar, o importante é considerar que, muito embora essas práticas nem sempre sejam passíveis de antecipação no plano ideal, o fato de elas existirem torna possível examiná-las e procurar descobrir seu vínculo com as ordenações racionais, de modo a identificar, mais ou menos precisamente, que medidas as ocasionaram e quais são as possibilidades de iniciativas que produzam sua mudança ou sua afirmação.

Não basta, entretanto, para dar conta do conceito de estrutura da escola como empregamos aqui, atribuir às implicações da escola como grupo social a mesma atenção que se atribui às "relações ordenadas conscientemente", porque entre estas é muito comum restringir-se o administrativo apenas às atividades-meio. Usualmente, considera-se que a estrutura administrativa da escola diz respeito à ordenação desta com vistas à realização das atividades de planejamento, organização, direção e controle do pessoal e dos recursos materiais e financeiros, deixando de incluir no plano explicitamente administrativo as atividades imediatamente pedagógicas. Assim, a direção escolar, a secretaria da escola, o pessoal não docente teriam atribuições administrativas, por contraposição às atribuições pedagógicas dos educadores em suas atividades com os educandos. Certamente que essa distinção entre atividades-meio (que precedem e dão sustentáculo às atividades-fim) e atividades-fim (que se dão na relação direta entre educador e educando), é legítima e necessária para perceber suas especificidades e tratá-las como tais. Todavia, o risco que se corre ao incluir como administrativas apenas as atividades-meio, é o de legar as atividades-fim a um segundo plano, burocratizando-se o processo — no sentido de burocratização utilizado por Adolfo Sánchez Vázquez (1977, p. 260-263) —, à medida que as atividades-meio se "degradam" em fins em si mesmas, deixando de servir aos fins da instituição escolar, por perderem sua característica própria de sustentáculo das atividades-fim. Para superar esse risco é preciso um conceito mais amplo e rigoroso de administração. Podemos, então, considerá-la como "utilização racional de recursos para a realização de fins determinados". (PARO, 1986, p. 18) Assim entendida, a qualidade específica da administração (ou da gestão, que será tomada aqui como sinônimo) é seu caráter de mediação que envolve as atividades-meio e as atividades-fim, perpassando todo o processo de realização de objetivos. A partir desse entendimento, o princípio fundamental da administração passa a ser o da necessária coerência entre meios e fins, ou seja, para que a administração efetivamente se realize, é imprescindível que os meios utilizados não se contraponham aos fins visados.

De posse de uma concepção mais abrangente da escola que, para além de sua estrutura administrativa, a considere como grupo social, e que, ao mesmo tempo, alarga sua dimensão administrativa, tomando-a como processo mediador que envolve tanto as atividades-meio quanto as atividades-fim, podemos voltar à consideração do impacto das medidas democratizantes sobre a estrutura da escola básica. Curiosamente, esse impacto tem sido muito modesto se considerarmos sua estrutura total (e daqui em diante sempre que mencionar a estrutura da escola é à estrutura total, como aqui delineada, que estarei me referindo). Mas, se a escola tem permanecido tradicionalmente autoritária e resistente à participação democrática em seu interior, é possível que medidas pontuais como as que têm sido experimentadas nas últimas décadas mudem seu caráter autoritário? Da mesma forma, em que medida a permanência da mesma estrutura não limita a funcionalidade ou a eficácia de todas essas medidas? Questões como essas exigem a reflexão sobre as relações entre a estrutura da escola e a prevalência de práticas democráticas em seu interior, que é o tema deste livro.

Um fato relevante nas tentativas convencionais de democratização da escola é que elas adotam como paradigma um conceito tradicional de educação, ou seja, a democratização proposta, circunscrita ao âmbito das atividades-meio, não questiona as atividades-fim, ou não supõe a necessidade de sua transformação; estas, por sua vez, estão, em sua maioria, configuradas para realizar um ensino do tipo tradicional, adequado a uma concepção de educação nada crítica, que está impregnada no senso comum e que pouco tem de democrática. É preciso, por isso, começar por explicitar esse conceito de educação, de modo a perceber até que ponto ele não descarta, *in limine*, qualquer medida radical de democratização da escola.

Inicialmente, é bom ressaltar que esse senso comum sobre o conceito de educação está presente difusamente na população de um modo geral, mas não deixa de pautar o discurso e a prática de políticos, administradores de educação, formuladores de políticas públicas, educadores escolares e até mesmo renomados pesquisadores e teóricos da Educação. Assim, para a imensa maioria das pessoas, a educação consiste apenas e tão somente na passagem de conhecimentos. Nessa perspectiva, existe alguém que sabe e alguém que não sabe, alguém que detém conhecimentos e informações e alguém que não os detém; a educação consistiria simplesmente na transmissão desses conhecimentos e informações dos primeiros para os segundos. Nessa perspectiva, a forma de ensinar, ou a metodologia do ensino, consiste apenas em organizar da melhor forma possível esses conhecimentos e informações (considerados como os "conteúdos" do ensino) para que eles possam ser transmitidos por quem os detém e aprendidos por quem não os detém. A preocupação fundamental é, pois, com o conteúdo do ensino, ou melhor, com determinada visão *restrita* de conteúdo, que se resume nos conhecimentos e informações que se pretende passar e que se organizam na forma de matérias ou disciplinas, como a Matemática, a Física, a Língua Portuguesa, a Geografia, a História, etc. Esses "conteúdos" precisam ser bem escolhidos (os educadores chamados "críticos" ou "progressistas" fazem questão até de que tais "conteúdos" sejam "críticos" e "progressistas") e organizados da maneira mais interessante e adequada possível, de preferência indo do mais simples para o mais complexo, de modo a serem melhor captados pelos educandos. Observe-se que, para ser um bom educador nessa concepção — digamos, "conteudista"[2] — nem é preciso uma especificidade pedagógica, porque o que mais importa é ter-se apropriado dos conhecimentos para transmiti-los adequadamente. O bom professor de Matemática é aquele que conhece muito bem Matemática, o bom professor de Geografia é aquele que tem bons conhecimentos de Geografia, e assim por diante. Trata-se, como se percebe, da chamada "educação bancária", tão veementemente criticada por Paulo Freire (1975), em que o professor que conhece simplesmente "deposita" conhecimentos na cabeça dos alunos, que depois podem sacá-los quando necessário.

Nessa visão de educação, em que o mais importante é o "conteúdo" que se passa, em que as preocupações metodológicas se restringem a essa passagem, e em que o professor é mero repetidor de conteúdos, exige-se deste que conheça muito bem esse conteúdo, mas muito pouco a respeito de quem aprende. De quem aprende, seja uma criança, em plena fase de formação de sua personalidade, seja um adulto com a personalidade já formada, exige-se sempre a mesma coisa: o esforço incondicional em se apropriar daquilo que é ensinado, não importa a forma como isso é feito. Decorre daí, certamente, a impressionante identidade entre a maneira de ensinar que se observa numa sala de aula do primeiro ano do ensino fundamental e uma aula de pós-graduação em qualquer universidade do país. Só o "conteúdo" é diferente, a forma é a mesma: um repetidor de conhecimentos e informações, comunicando, com maior ou menor habilidade, para um grupo que passivamente recebe esses "conteúdos". Dessa flagrante identidade de "metodologias", podem-se tirar duas conclusões: por um lado, supõe-se que crianças (não importa a idade ou o estágio de desenvolvimento) e adultos têm as mesmas necessidades e aprendem da mesma forma — e assim se joga pela janela toda a contribuição histórica da Psicologia sobre o modo como pensamos e nos desenvolvemos biopsiquicamente —; por outro, supõe-se que nem um nem outro precisa de fato fazer-se sujeito para aprender. Em ambos os casos, ignora-se a condição de autor intrínseca ao papel de quem aprende.

---

2. A manutenção das aspas se deve ao fato de que não se trata propriamente de conteúdo no sentido pleno que ele deve ter em educação, como se verá mais adiante, mas de um conteúdo minguado, reduzido a conhecimentos e informações, e cuja "transmissão" é hipervalorizada como fim em si mesma.

Essa concepção de educação é a que tem sido, em maior ou menor grau, adotada pela escola básica há mais de cem anos. É verdadeiramente impressionante observar a monotonia dos discursos de autoridades e de educadores, que só sabem defender a importância da educação como transmissão de conhecimentos e veem o esforço pessoal dos educandos como o único recurso de que se dispõe para realizar essa educação. Dessa perspectiva, a função da escola se reduz a quase nada, já que seu papel se restringe ao de mera apresentadora, aos estudantes, de "conteúdos" que cabem a estes esforçar-se por apreender, jogando, assim, para o aluno a responsabilidade por seu aprendizado, e eximindo-se da função pedagógica de propiciar condições para que este queira aprender e se envolva, como sujeito, na construção de sua personalidade. Uma escola desse tipo precisa fazer muito pouco para *parecer* competente: basta esmerar-se em fiscalizar e selecionar. É o que a escola, em geral, tem tradicionalmente feito: *fiscaliza* o estudante para que ele se empenhe em "engolir" o mais eficientemente possível o "conteúdo" que lhe é apresentado, e *seleciona*, para ingressarem na escola ou nela permanecerem apenas aqueles alunos que já trazem de fora as condições de aprendizado e aprendem *apesar* da escola. Aos demais ela *impede a entrada* — como faz prioritariamente a escola privada de hoje e como fazia a escola pública de antigamente — ou *reprova e expulsa de seu interior* — como sói fazer a maioria dos estabelecimentos de ensino básico com aqueles que não conseguem aprender sem o auxílio de uma boa prática pedagógica[3]. Nessa escola, a motivação para esforçar-se em aprender é sempre extrínseca

---

3. Com relação a "reprovar e expulsar" os "ineptos", não deixa de ser impressionante como a *Ratio Studiorum* parece descrever nitidamente o que faziam as escolas públicas de "boa" qualidade e fazem hoje as "boas" escolas privadas. Nas "regras do Prefeito de Estudos Inferiores (= *ginasiais*)", regra 25, da *Ratio* lê-se:

25. *Os ineptos*. — Se se verificar que alguém é de todo inepto para ser promovido, não se atendam pedidos. Se alguém for apenas apto, mas, por causa da idade, do tempo passado na mesma classe ou por outro motivo, se julgar que deve ser promovido, promova-se com a condição, se nada a isto se opuser, de que, no caso em que a sua aplicação não corresponda às exigências do mestre, seja de novo enviado à classe inferior; e o seu nome não deverá ser incluído na pauta. Se alguns, finalmente, forem *tão ignorantes que não possam decentemente ser promovidos* e deles nenhum aproveitamento se possa esperar na própria classe, entenda-se com o Reitor para que, *avisados delicadamente* os pais ou tutores, não continuem inutilmente no colégio. (ORGANIZAÇÃO..., 1952, p. 172; grifos meus)

ao estudo (o prêmio e o castigo), já que a escola não é capaz de fazer o ensino intrinsecamente motivador e desejável.

A partir do que foi exposto a respeito do tipo de educação vislumbrado pelo senso comum e que se procura efetivar em nossas escolas, não é difícil concluir que tal conceito de educação *se coaduna perfeitamente com a estrutura de escola vigente*. Uma educação que não assume a condição de sujeito do educando aplica-se muito bem na escola hierarquizada que temos; uma educação que se resume à passagem de "conteúdos" pode dar-se muito bem com as disciplinas estanques e com a grade curricular restrita a conhecimentos e informações; uma escola incapaz de fazer-se competente precisa de um currículo seriado, em que a promoção ou retenção em determinada série funciona como medida da maior ou menor culpa do aluno por seu não aprendizado; uma educação, enfim, que não tem como um de seus ingredientes a relação democrática, *não precisa de uma estrutura democrática para se instalar*.

Na perspectiva de uma necessária democratização da escola, é preciso, portanto, adotar um conceito de educação que exija a superação da estrutura autoritária atualmente vigente na escola. Esse conceito tem a ver com a educação como prática democrática, que é a própria educação como produção do humano-histórico. Se a educação visa ao homem, este deve ser pensado não em sua condição meramente natural, como um "animal racional", mas em sua transcendência dessa condição animal. O homem transcende a natureza (tudo aquilo que existe necessariamente, naturalmente, independentemente de sua vontade), à medida que cria algo novo (não dado naturalmente); e sua primeira criação é precisamente um valor, ou seja, ele se manifesta diante do mundo; é o único animal para o qual o mundo não é indiferente (cf. ORTEGA Y GASSET, 1963) e é isso que o diferencia radicalmente da natureza. Ao criar um valor ("Isto é bom; isto não é."), que é a expressão de sua vontade, o homem cria, junto, a possibilidade de estabelecer um objetivo derivado desse valor, que ele pode alcançar pela mediação do trabalho. Trabalho em seu sentido humano é uma "atividade orientada a um fim" (MARX, 1983, p. 150, v. 1, t. 1). É pelo trabalho, então (como mediação e não como fim em si), que o homem produz a sua própria existência, produzindo tudo aquilo que não está posto naturalmente. Nesse processo, o homem, ao mesmo tempo que cria sua condição de "*sujeito* (característica distintiva de sua humanidade), no preciso sentido de autor, de quem atua sobre o *objeto* para realizar sua vontade, expressa nos valores por ele criados historicamente" (PARO, 2002, p. 15), cria também o mundo da cultura, entendida aqui em seu sentido mais amplo, que inclui o conjunto de valores, conhecimentos, crenças, tecnologia, arte, costumes, filosofia, ciência, direito, tudo enfim que constitui a produção histórica do homem, por contraposição ao mundo meramente natural. No decorrer da história, toda essa cultura precisa ser apropriada de geração em geração e isso é feito por meio da educação.

A educação é, pois, a apropriação da cultura produzida historicamente. Essa apropriação tem pelo menos duas dimensões intrínsecas: por um lado, é ela que possibilita a preservação do acervo cultural, dando condições para a continuidade histórica; por outro, é a forma pela qual cada indivíduo se faz humano-histórico, processando-se sua necessária atualização histórico-cultural, ou seja, como cada ser humano nasce puramente natural, sem um átomo de cultura, é a educação que lhe propicia acesso à cultura produzida historicamente, eliminando ou reduzindo a defasagem que há entre o estado natural e a cultura vigente. É preciso enfatizar que não se trata de mera atualização de conhecimentos e informações, mas da apropriação da cultura em sua inteireza e complexidade. Perceba-se que esta não é apenas uma diferença de grau, ou de quantidade, mas uma diferença *qualitativa*. Como já dizia Michel de Montaigne (2002, p. 224), não se trata apenas de ter uma cabeça "bem cheia" de conhecimentos, mas de ter uma "cabeça bem feita", ou melhor, trata-se da formação da personalidade humana.

Esse conceito de educação como produção do humano-histórico não pode ser desvinculado de sua dimensão política. A política se faz presente como realidade inerente à espécie humana porque não é sequer imaginável que o homem, em sua condição histórica, como produtor de sua própria humanidade, possa existir isoladamente. O homem só consegue produzir sua realidade material relacionando-se com outros homens, por meio da divisão social do trabalho. Mas cada ser humano só é humano-histórico por ser sujeito, um ser ético, dotado de vontade, de interesses, que o orientam para agir como autor sobre determinado objeto. Contudo, ao relacionar-se, ele se depara com outros seres humanos com a mesma especificidade histórica: sua subjetividade. Verifica-se, então, que,

> dessa situação contraditória do homem como sujeito (detentor de vontades, aspirações, anseios, [...] interesses, expectativas) que precisa, para realizar-se historicamente, relacionar-se com outros homens também portadores dessa condição de sujeito, é que deriva a necessidade do conceito *geral* de política. Este refere-se à atividade humano-social com o propósito de tornar possível a convivência entre grupos e pessoas, na produção da própria existência em sociedade. (PARO, 2002, p. 15; grifos no original)

Preliminarmente, pode-se dizer que existem duas maneiras de produzir essa convivência: pela dominação e pelo diálogo. A dominação é uma prática política autoritária que reduz o outro à condição de objeto, à medida que anula ou diminui sua subjetividade e estabelece o poder de uns sobre outros. Já o diálogo é a alternativa democrática de convivência política. Repare-se que já não se trata de conceber a democracia apenas em seu sentido mais restrito de "governo do povo" ou de vontade da maioria, mas de vê-la em seu sentido mais rigoroso e geral, ou seja, como convivência pacífica e livre entre indivíduos e grupos que se afirmam como sujeitos históricos.

Observe-se que, enquanto a prática autoritária pode orientar-se pela coerção, à prática democrática só resta guiar-se pela persuasão. A prática política coercitiva tem um elemento de força que é a certeza de sua realização: diante do elemento coercitivo, ao coagido só resta obedecer. Esse elemento de certeza não existe no caso da prática persuasiva, dialógica. Nesta, precisa-se correr o risco de os objetivos não serem atingidos. Quem procura convencer pelo diálogo deve correr o risco de não convencer. Mais: corre o risco de ser convencido do contrário pelo outro. Se assim não for, se não houver o risco, é porque não se trata de diálogo, mas de imposição. Mas essa aparente desvantagem da prática democrática diante da prática coercitiva pode desaparecer se considerarmos que os efeitos desta última têm uma permanência muito mais precária. A concordância do coagido só se realiza na presença do elemento coator; afastado este, cessa seu efeito. No caso da persuasão, pelo diálogo, acontece o contrário: quando alguém é persuadido de uma ideia, apropriando-se de determinado elemento cultural (conhecimento, valor, crença, etc.), ele o faz por sua vontade livre, e a concordância permanece para além do momento da apropriação, visto que essa apropriação se dá num duplo sentido: esse elemento cultural passa a ser seu, de sua propriedade (sem deixar de ser da propriedade de quem o proporcionou)[4] e, ao mesmo tempo, passa a fazer parte de sua própria personalidade, passa a compô-la, de modo que não se desvanece de um momento para outro.

Ao descrever essa ocorrência da política como ação democrática, dialógica, na verdade estamos descrevendo como se dá a relação pedagógica como prática democrática. Se a educação visa à formação do humano-histórico que se afirma como sujeito, seu modo de realizar-se, ou seja, a relação pedagógica, precisa dar-se como prática democrática. O princípio que orienta esse processo nada mais é do que o princípio fundamental de toda ação administrativa, ou seja, o princípio de que os meios devem adequar-se aos fins. Se o fim da educação é a produção do homem histórico, se o que confere a este o caráter de histórico é sua condição de sujeito, então, a ação pedagógica só pode dar-se supondo educandos que sejam sujeitos. Pode-se dizer, portanto, que "o educando só aprende se quiser" (PARO, 2010b, p. 30). Se *ser* humano-histórico é um ato de vontade do indivíduo, *fazer-se* humano-histórico, por meio da educação, é algo que depende intrinsecamente da vontade de quem se educa.[5]

---

4. A rigor, não existe, portanto, a tão propalada "transmissão" ou "passagem" de conhecimentos ou de qualquer outro elemento da cultura no ato educativo. Transmissão supõe *transferência* de determinado objeto de um lugar para outro ou da posse de uma pessoa para outra, o que não acontece com os elementos culturais envolvidos na relação pedagógica. Aqui o termo só pode ser aplicado como metáfora, que será evitada doravante, neste livro, para não ocultar a verdadeira natureza do processo pedagógico, confundindo-o com a concepção "bancária" de educação. (Nota da 2ª edição.)

5. Interessante é observar que essa verdade, há tanto tempo à disposição do pensamento filosófico, cada vez mais é confirmada na prática científica que, especialmente no último século, ao elucidar a forma como pensamos e nos desenvolvemos social, biológica e psiquicamente, mostrou o papel fundamental que representa, para o aprendizado do educando e para a construção de sua personalidade, sua atividade como sujeito (não como mera atividade). (LA TAILLE; OLIVEIRA; DANTAS, 1992; LEONTIEV, 2004; OLIVEIRA, 1993; PIAGET, 1971; VIGOTSKI, 2001; VYGOTSKY, 1989; WALLON, 1971, 1988.)

É por isso que dizer que o educador educa o educando só pode ser entendido como uma força de expressão querendo significar que o educador propicia condições para que o educando *se eduque*. Educar-se é, portanto, um verbo reflexivo. A boa didática deve começar por envidar todos os esforços para produzir no educando a vontade de educar-se. Quem *quer* aprender já tem um enorme caminho andado para *de fato* aprender. Talvez por isso a escola pública de antigamente e as chamadas "boas" escolas privadas de hoje façam questão de receber e manter como seus alunos apenas aqueles que aí chegam com esse valor já incorporado em suas personalidades. Essas escolas podem dar-se ao luxo de ser incompetentes, porque podem discriminar seus alunos, acolhendo apenas aqueles que aprendem *apesar* da má escola e contribuem para que esta apareça como sendo escola de excelência. Mas a escola pública de hoje, se quer de fato cumprir sua vocação universalizadora, não pode dar-se a esse luxo da incompetência.

Para ensinar bem, já não basta mais, como na estratégia tradicional, dominar determinado "conteúdo". Se o fim do ensino escolar não é apenas "encher" uma cabeça, mas formar uma personalidade humano-histórica, a educação se faz muito mais complexa e exige a consideração de todos seus fundamentos históricos, econômicos, sociológicos, psicológicos, antropológicos e filosóficos. Se o educando só aprende se quiser, se ele só se educa como detentor de vontade, como sujeito, então é preciso saber em que condições ele se faz sujeito para poder levar isso em consideração na prática pedagógica.

Levar em consideração as condições que propiciem ao educando fazer-se sujeito na prática pedagógica escolar envolve, entre outras providências, dotar a escola de uma estrutura que esteja de acordo com essa prática democrática. É este, portanto, o problema que se apresenta: que configuração deve ter a estrutura da escola se se adotar, como objetivo a ser atingido, a realização da educação como prática democrática? Até o presente, ao se proporem mudanças visando à democratização da escola, não se tem presente, em geral, essa concepção de educação e, por isso, muito dificilmente se proporá uma estrutura capaz de realizá-la. É preciso superar essa perspectiva, buscando alternativas de estrutura total da escola que, não ignorando a necessária coerência entre meios e fins, sejam compatíveis com uma visão democrática de ensino. Em termos teóricos, isso requer a realização de um exame meticuloso da atual estrutura da escola pública brasileira na busca de formas de sua transformação para adequá-la à educação como prática democrática.

No que diz respeito ao ensino fundamental, contexto no qual realizou-se a investigação objeto deste livro, parece-me que a discussão do tema requer, preliminarmente, a consideração de alguns pontos que, embora pareçam independentes, estão intimamente relacionados entre si: 1) busca de uma possível *direção colegiada* da escola, com vistas à distribuição do poder da forma mais democrática possível; 2) configuração de uma *estrutura didática* da escola fundamental em conformidade com os mais recentes avanços e contribuições das ciências com relação ao desenvolvimento da criança e do adolescente; 3) redimensionamento do *currículo* da escola fundamental de modo a abarcar a cultura em suas múltiplas dimensões para dar conta da formação integral da personalidade dos educandos; 4) atenção e cuidado para com o *trabalho docente*, pelo oferecimento das condições exigidas pela natureza do trabalho pedagógico e pela implementação de formas coletivas de planejamento, execução e avaliação desse trabalho; 5) afirmação da *autonomia do educando* para aprender e dimensionamento da consequente autonomia que se lhe deve proporcionar para participar das tomadas de decisões escolares; 6) implementação de medidas que tornem possível e estimulem a efetiva *integração da comunidade* à escola pública fundamental.

Nos capítulos seguintes trataremos de cada um desses temas, sem a pretensão de apresentar soluções, mas de fazer a crítica do existente e contribuir para a discussão de sua superação.

Capítulo 2

Estrutura da Escola e Direção Colegiada

1. A importância da estrutura

Ao se observar a secular estrutura de nossa escola básica, não se pode deixar de estranhar a permanência histórica desse estado de coisas, sem que se verifique nenhum intento mais concreto, em termos de políticas públicas, no sentido de transformar sua configuração com base nas necessidades pedagógicas, ou seja, de relacioná-la com a gestão do pedagógico. A reivindicação da melhoria do ensino quase nunca se relaciona com a necessidade de, pelo menos, atualizar de alguma forma essa estrutura hierárquica, que servia bem à velha escola (pretensamente) transmissora de conhecimentos, mas que pode não ser adequada a uma concepção de educação que se pretende democrática.

Luiz Pereira, em seu clássico estudo de caso sobre a escola primária numa área metropolitana, menciona o problema social verificado na unidade escolar pesquisada, afirmando que a análise realizada "ressalta, com[o] fatores mais relevantes dessa situação-problema, a estrutura e a organização da própria escola, apontando-as como forças de resistência à inovação" (Pereira, 1967, p. 151). E continua:

Ainda mais, [a análise] evidencia como o meio é relativamente impotente para modificá-las, tanto por pressão externa como por transformação imposta internamente pelas atividades inconformistas dos professores. Daí a necessidade de reconhecer-se a insuficiência dos processos de mudança espontânea, a imposição de pensar-se a escola como instituição com estrutura e organização suscetíveis de mudança deliberada, e a urgência de intervir-se racionalmente na própria estrutura e organização da escola primária para adaptá-la às suas funções no meio urbano-industrial e à civilização atual. (Pereira, 1967, p. 151-152)

Justa Ezpeleta, ao chamar a atenção para a necessária articulação entre as metas e diretrizes propostas pelo sistema de ensino e a concretude da atividade escolar, afirma:

En este sentido, quisiera postular que la *trama organizativa de la escuela* — esa trama poco visible y poco cuestionada por "natural" — es un componente esencial de la gestión pedagógica. Que aunque tradicionalmente ubicada en el campo administrativo, no puede pensarse como una "forma" independiente de su contenido puesto que *la estructuración y conformación institucionales de las escuelas constituyen el primer condicionante del trabajo educativo.* (Ezpeleta, 1992b, p. 102; grifos meus)

Depois de enfatizar o caráter técnico-pedagógico presente em práticas que, preliminarmente, se apresentam como sendo estritamente administrativas, critica a visão economicista que ignora esse fato, afirmando:

La *visión economicista* que no supera la concepción del sistema educativo como típica organización de servicios — *asimilable a cualquier otro servicio estatal* — contribuye a profundizar sus debilidades. Con ello se pierden precisamente los elementos que lo particularizan y diferencian de los demás. Y en este caso se trata de diseñar las condiciones para transformar a las personas, con toda la proyección que implica esta tarea en la organización y cambio de las sociedades. (Ezpeleta, 1992b, p. 102-103; grifos meus)

Em outro momento, a mesma autora menciona a necessidade de uma profunda transformação nas estruturas e dinâmicas de gestão da escola, para que esta "recupere y transforme su capacidad de trasmitir una cultura significativa y contribuya a recrear o formar capacidades para la eficacia económica y la democratización política" (Ezpeleta, 1992a, p. 16). E continua:

> Para que la escuela trasmita una mentalidad proclive a la búsqueda eficaz de la calidad y a la crítica y autocrítica pluralista de la democracia, debe procurar que *su propio funcionamiento institucional no contraponga otros valores a los que se tienen el propósito de contribuir*. Esta es una condición reclamada por los grandes reformadores pedagógicos desde hace mucho tiempo. (Ezpeleta, 1992a, p. 16; grifos meus)

De fato, a importância da estrutura e da organização da instituição escolar sempre esteve presente no discurso e nas propostas dos grandes reformadores da educação. Entre os mais antigos, Comenius, por exemplo, em sua *Didática Magna*, já chamava a atenção para a importância da organização escolar no desenvolvimento do ensino, recomendando que ela se desenvolvesse sem severidade e sem pancadas e com a máxima delicadeza e suavidade, quase de modo espontâneo (Comenius, 2002, p. 109). Entre os mais recentes, a história das experiências inovadoras e revolucionárias no século XX é pródiga na defesa e na adoção de estruturas organizacionais das instituições educativas que sejam coerentes com o tipo de educação preconizada, enfatizando a importância de tais estruturas para o êxito da educação que se propõe. Somente para citar alguns exemplos, desde Makarenko (2005) e Pistrak (1981), nos inícios do século, passando por Korczak (1997), ainda na primeira metade do século, e por Freinet (1996, 1998) em meados do século, até chegar à Escola da Ponte (Canário, 2004; Pacheco, 2008, 2009) em nossos dias, todas as experiências testemunham a importância da organização e da estrutura da instituição escolar no desenvolvimento de suas práticas educativas.

Todavia, a persistência do modelo hierarquizado e em desacordo com uma concepção democrática de prática pedagógica destoa do desenvolvimento histórico em outras áreas e parece denunciar precisamente a persistência também de um tipo de prática educativa que não logra realizar os objetivos de formação de personalidades humano-históricas à altura do desenvolvimento histórico-cultural da sociedade.

Os responsáveis pela importante experiência educativa da Escola sem Muros ou o Programa Parkway de Filadélfia, nos Estados Unidos (Bremer; Von Moschzisker, 1975) — implementado no final da década de 1960 e que consiste numa escola média em que os alunos participam da definição de seus próprios programas de estudo e em que não há um prédio escolar fixo, as aulas acontecendo alternadamente em vários locais da cidade —, os educadores John Bremer e Michel Von Moschzisker, quando fazem a crítica ao modo como a escola regular foi organizada, parecem tocar em um ponto-chave que explicaria a razão da incrível permanência de sua estrutura tradicional:

> Desdobrou-se o processo educacional em uma série de etapas — à maneira industrial — em monótona sequência (o trabalho das várias classes), pela qual a matéria-prima (os alunos) tinha que passar. Finalmente, todos os alunos recebiam notas e passavam ou eram rejeitados, como um produto industrial sujeito a controle de qualidade. O ponto culminante, loucura inevitável dos educadores públicos, foi o de *reproduzir na escola a organização social e administrativa da fábrica* com gerente, supervisores, chefes de turma e empregados disfarçados sob os títulos de superintendentes, diretores, chefes de departamento e professores. (Bremer; Von Moschzisker, 1975, p. 18; grifos meus)

Ou seja, o erro básico que persiste na organização de nossas escolas é a omissão da especificidade de seu trabalho e a assunção de um modelo de estrutura adequado às empresas privadas em geral, produtoras de bens e serviços que, na sociedade capitalista, têm objetivos antagônicos ao do empreendimento educacional.

2. Administração de empresas e administração escolar

No contexto dos estudos sobre administração escolar no Brasil, a defesa da aplicação dos princípios e métodos da empresa mercantil capitalista na escola pública é uma constante que se vem mantendo desde os trabalhos de José Querino Ribeiro (1938, 1952, 1964, 1968), em meados do século passado. Para esse autor, "a ADMINISTRAÇÃO ESCOLAR é uma das aplicações da administração geral; naquela como nesta os aspectos, tipos, processos, meios e objetivos são semelhantes" (RIBEIRO, 1952, p. 113). Em outra ocasião, assevera:

> Os princípios de submissão do interesse particular ao geral, de centralização e descentralização, de ordem e de iniciativa e de equidade e união, encontram-se, por sua vez, com a mesma importância e os mesmos aspectos, seja na empresa industrial, seja na escolar.
>
> Mas, dum modo geral, todos são aplicáveis à escola, porque existe certa identidade de organização entre as empresas em geral e a escolar. (RIBEIRO, 1938, p. 105)

Em seu artigo de 1968, Ribeiro chega praticamente a igualar administração escolar e administração empresarial. Ao defender a utilização, na administração escolar, de elementos inspirados em outras empresas, conclui: "Assim e por isso é que temos insistido em estudar uma Administração que seja aplicável à escola como a qualquer outro tipo de empresa, sem a imprescindibilidade do rótulo de Administração Escolar." (RIBEIRO, 1968, p. 28)

Em trabalho anterior (PARO, 2009b), ao fazer a análise mais detida desse tema, procurei demonstrar que a posição de José Querino Ribeiro, por mais paradoxal que pareça diante de sua concepção crítica de educação, que reconhece o educando como sujeito de sua própria educação, não era uma posição de antagonismo ao caráter democrático do processo educativo, por via da aplicação aí dos princípios dominadores da administração tipicamente capitalista, pois lhe faltava precisamente essa compreensão de que o fim da empresa capitalista, o lucro, só pode ser conseguido com a exploração do trabalhador, por meio da apropriação, pelo proprietário, dos meios de produção, do excedente de valor produzido pelo trabalhador, com objetivos, portanto, contrários aos da educação como emancipadora de sujeitos.[1] E concluía:

---

1. Uma das manifestações de José Querino Ribeiro sobre a empresa é a seguinte: "Concluímos, pois, que uma empresa é um grupo de indivíduos agindo em conjunto sob uma certa hierarquia,

Parece claro, portanto, que a intenção de Ribeiro, ao propor a aplicação, na escola, dos princípios e métodos da administração empresarial, era procurar formas de realizar aí, da maneira tão eficiente quanto se realizava o trabalho nas empresas, os importantes objetivos educacionais; não era transportar para a instituição escolar as técnicas e estratégias de dominação presentes na empresa tipicamente capitalista, cuja percepção crítica lhe escapava. (Paro, 2009b, p. 459)

Esse mesmo julgamento talvez se possa aplicar a outros trabalhos que, ao defender a aplicação da administração empresarial na escola, revelam não assumir a percepção crítica do antagonismo entre os objetivos da escola (formar sujeitos) e os da produção capitalista (obter lucro, que necessariamente se dá pela desconsideração da subjetividade do outro). José Augusto Dias, por exemplo, diz:

[...] parece claro que o comportamento administrativo, *ainda que indelevelmente marcado pela natureza da empresa em que se manifesta*, é basicamente o mesmo, quer se trate de uma escola, de uma fábrica, ou de um hospital. Embora se mantenha a expressão "Administração Escolar", com a finalidade de circunscrever um dos campos específicos de atuação do processo administrativo, a teoria que se lhe aplique terá necessariamente validade para outras modalidades de empresa. (Dias, 1967, p. 28; grifos meus)

Myrtes Alonso também toma como pressuposto que "as características da 'função administrativa' são as mesmas em todos os tipos de empreendimentos, inclusive, no escolar" (Alonso, 1978, p. 15). Em outro momento, embora referindo-se à especificidade do objetivo da escola, defende para a escola a adoção dos mesmos "princípios gerais" utilizados na empresa:

Em primeiro lugar é preciso tornar claro que a expressão Administração Escolar está sendo aqui utilizada para designar a disciplina que constitui um ramo especial da teoria da Administração, supondo desse modo a aplicação dos princípios gerais formulados por essa área do conhecimento à

---

com o fim de aliviar as dificuldades dos homens, aproximando-os em relações de solidariedade que facilitem o fim geral de todos — a conservação e desenvolvimento da espécie." (Ribeiro, 1938, p. 58)

situação específica da escola, entendida esta como uma "organização" com *características decorrentes da especificidade do seu objetivo.* (ALONSO, 1978, p. 22; grifos meus)

Como se percebe, na voz dos defensores da aplicação, na escola, dos princípios e métodos da administração geral — a qual, na verdade, não é propriamente geral, mas especificamente capitalista (cf. BRAVERMAN, 1980) —, a menção das características decorrentes da especificidade do objetivo da escola presta-se tão somente a diferenciar a instituição escolar de outras empresas da mesma maneira que estas se diferenciam entre si, como uma loja de calçados, um banco ou uma fábrica de papel, por exemplo. Não percebem que, embora os produtos (bens ou serviços) dessas empresas sejam diferentes uns dos outros, o objetivo final (o lucro) é comum a todas elas, por isso podem se guiar pelos mesmos princípios administrativos, apenas adaptando seus métodos e técnicas à especificidade de seu produto. O mesmo não ocorre com a escola, cujo produto, o cidadão autônomo e sujeito do desenvolvimento de sua personalidade, não é apenas diferente do produto de qualquer outra empresa, mas o resultado da busca, pela escola, de objetivos antagônicos aos da empresa tipicamente capitalista. Por isso, e considerando que, na prática mediadora da administração, os meios precisam se adequar aos fins, os princípios que são eficientes para atingir os fins da empresa capitalista não podem ser igualmente eficientes para atingir os fins da escola.

Apesar da crítica contundente que lhe foi feita a partir de meados da década de 1980, no contexto dos estudos sobre gestão escolar (FÉLIX, 1984, PARO, 1986), esse modo equivocado de ver a administração da escola sob o prisma da empresa mercantil continua muito presente nas políticas públicas. A adoção dessa conduta revela, por um lado, uma visão acrítica do processo de produção capitalista, por outro, um desconhecimento do processo pedagógico e de sua especificidade. No capítulo 5 voltarei a falar sobre esse segundo aspecto, quando abordar a natureza do trabalho docente. Por ora, cumpre ressaltar sua importância determinante na apreciação que se possa fazer a respeito dos problemas da escola e das estratégias a serem adotadas em suas soluções. Anísio Teixeira, por exemplo, mesmo sem mencionar o caráter dominador do trabalho na produção capitalista, consegue, por força de sua extraordinária familiaridade com o processo pedagógico, argumentar contundentemente a respeito da especificidade da administração escolar. Diz ele:

> Jamais, pois, a administração escolar poderá ser equiparada ao administrador de empresa, à figura hoje famosa do *manager* (gerente) ou do *organization-man*, que a industrialização produziu na sua tarefa de maquinofatura de produtos materiais. Embora alguma coisa possa ser aprendida pelo administrador escolar de toda a complexa ciência do administrador de empresa de bens materiais de consumo, o espírito de uma e outra administração são de certo modo até opostos. *Em educação, o alvo supremo é o educando, a que tudo o mais está subordinado*; na empresa, o alvo supremo é o produto material, a que tudo o mais está subordinado. Nesta, a humanização do trabalho é a correção do processo de trabalho, na educação o processo é absolutamente humano e a correção um certo esforço relativo pela aceitação de condições organizatórias e coletivas inevitáveis. São, assim, as duas administrações polarmente opostas. (TEIXEIRA, 1968, p. 15; grifos no original.)

A tendência a uma valorização de soluções originais aos problemas administrativos da escola, sem deter-se na simples repetição das regras válidas para as empresas mercantis, parece mais presente no discurso e na ação de pessoas que mais valorizam a educação e que exibem um conhecimento maior do processo pedagógico. Isso pôde ser percebido, de certa forma, nas conversas com os depoentes da escola pesquisada na investigação que deu suporte a este trabalho. Embora em momento nenhum estivesse presente, no discurso, a referência à exploração do trabalho nas empresas privadas, dificilmente se percebiam pessoas defendendo para a escola soluções que viessem dessas empresas, notando-se uma tendência maior de pautar a especificidade da escola precisamente por aquelas pessoas mais entusiasmadas com a educação e que revelavam maior conhecimento pedagógico.

3. O administrativo e o pedagógico

Outro aspecto relevante para o encaminhamento que se possa dar às ações da escola, com vistas à realização de seus fins, diz respeito à consideração das atividades-fim como passíveis da aplicação da lógica administrativa. Como mencionado no capítulo 1, a aplicação da administração escolar não se reduz às atividades-meio. Se administração é utilização racional de recursos para a realização de fins, atividade portanto mediadora entre meios e objetivos, o processo pedagógico necessariamente adquire uma conotação administrativa. O senso comum, todavia, insiste em separar a função pedagógica da função administrativa, porque esta última quase nunca é vista em sua essência, abstraída de seus condicionantes conjunturais que a tornam ou mera burocratização (meios que se tornam fins em si mesmos) ou mera gerência (controle do trabalho alheio). A esse respeito, Anísio Teixeira, mesmo tendo-se dedicado muito pouco à teoria administrativa, consegue ir mais à frente dos autores de seu tempo ao reconhecer explicitamente a administração do pedagógico. Diz ele:

> Há no ensino, na função de ensinar, em gérmen, sempre ação administrativa. Seja a lição, seja a classe, envolve administração, ou seja, plano, organização, execução obediente a meios e a técnicas. De modo geral, o professor administra a lição ou a classe, *ensina*, ou seja, transmite, comunica o conhecimento, função antes artística do que técnica, e *orienta* ou *aconselha* o aluno, função antes moral, envolvendo sabedoria, intuição, empatia humana. Alguns serão mais administradores, outros mais professores, outros mais conselheiros, todos, porém, terão de algum modo de exercer as três funções. Alguns, em casos raros, serão excelentes nas três funções. [...] (Teixeira, 1968, p. 14; grifos no original.)

Justa Ezpeleta considera que "la revisión de sus [do sistema escolar] procesos de gestión va indisolublemente unida a la revisión de su funcionamiento pedagógico. Tanto para liberar e impulsar el potencial creativo de sus agentes como para contribuir [...] al establecimiento de las pautas de comportamiento que se ofrece a los alumnos" (Ezpeleta, 1992a, p. 17). Em seguida acrescenta:

> Queremos subrayar *el necesario vínculo entre el problema organizativo y el pedagógico* porque ha sido habitual el abordaje independiente de ambas dimensiones. Las reformas han sido tradicionalmente pensadas en el plano curricular y en el de la formación de profesores. Los aspectos de gestión

han sido habitualmente *confinados a la órbita de los administradores y planifi-cadores*. Esto ha contribuido a que loables proyectos pedagógicos sean neutralizados por no haber incidido en *la transformación de la estructura y funcionamiento del sistema escolar*. (EZPELETA, 1992a, p. 17; grifos meus)

Ao fazer a crítica da formação docente, diz Ezpeleta:

El papel de la gestión, más que minimizado parece descartado, de hecho, en el universo de la formación profesional. La representación del mundo escolar así conformada asimila la débil noción de gestión al terreno de "lo administrativo" que, por determinación de la teoría consagrada, no llega a rozar el campo del currículo. Pero *la escuela es, precisamente, el lugar donde estos dos elementos coinciden*. Encuentro que no sucede en el plano abstracto de la armonía normativa, sino en las tensiones que surgen de actores y relaciones que en circunstancias precisas y condiciones materiales diversas, organizan y desarrollan su actividad. Es en esta dinámica donde necesariamente se construyen estrategias para la acción porque la realidad introduce la dificultad o el conflicto y obliga a las opciones y donde, por lo mismo, los acuerdos, la negociación o las diversas formas de imposición abonan el curso del movimiento institucional. (EZPELETA, 1992b, p. 105; grifos meus.)

Na escola pesquisada, as pessoas de um modo geral não conseguem perceber o caráter administrativo do pedagógico, mas nem por isso deixam de relevar a maior importância deste quando relacionado com as atividades-meio. As professoras ficam felizes, por exemplo, com a atitude da diretora, Raquel, quando esta toma para si funções que, tradicionalmente, são imputadas apenas às coordenadoras pedagógicas. Raquel é a primeira a dizer da importância do pedagógico e sua prevalência sobre as outras atividades. Por ocasião da entrevista, ela se mostrava contente porque podia contar com uma vice-diretora, que chegara há dois meses na escola. Assim, diz, ela podia agora dedicar-se mais ao trabalho do Horário de Trabalho Pedagógico Coletivo (HTPC) porque "a parte pedagógica é o que realmente me encanta na escola". Revela que "ficava muito distante dessa parte por causa do acúmulo administrativo".

4. O papel do diretor

Pode ser útil, para a reflexão sobre o papel do diretor escolar, iniciar com a consideração do que há de específico no conceito de direção escolar quando confrontado com o conceito de administração escolar. Embora em muitas ocasiões essas expressões sejam tomadas como sinônimas, não deve ser sem razão que, na legislação referente a suas atribuições, o diretor escolar seja assim chamado em vez de administrador ou gestor escolar, sendo estes últimos termos geralmente empregados para identificar outras pessoas em posição de chefia quer no sistema, quer na unidade escolar (supervisores escolares ou coordenadores pedagógicos, por exemplo).

José Querino Ribeiro apresenta a questão com bastante clareza ao afirmar:

> [...] Assim, por exemplo, considere-se que uma cousa é ser diretor, outra é ser administrador. Direção é função do mais alto nível que, como a própria denominação indica, envolve linha superior e geral de conduta, inclusive capacidade de liderança para escolha de filosofia e política de ação. Administração é instrumento que o diretor pode utilizar pessoalmente ou encarregar alguém de fazê-lo sob sua responsabilidade. Por outras palavras: direção é um todo superior e mais amplo do qual a administração é parte, aliás, relativamente modesta. Pode-se delegar função administrativa; função diretiva, parece-nos, não se pode, ou, pelo menos, não se deve delegar. (RIBEIRO, 1968, p. 22)

Em outro trabalho (PARO, 2010a), procuro aprofundar a reflexão sobre esse tema, considerando a importância dessa contribuição de Ribeiro para estabelecer a diferença entre administração e direção. Afirmo, então, que

> a direção, em certo sentido, contém a administração e simultaneamente lhe é mais abrangente. A direção engloba a administração [...] mas coloca-se acima dela, em virtude do componente de poder que lhe é inerente. Podemos dizer que a direção é a administração revestida do poder necessário para se fazer a responsável última pela instituição, ou seja, para garantir seu funcionamento de acordo com "uma filosofia e uma política" de educação (RIBEIRO, 1952). (PARO, 2010a, p. 769)

Quer pela legislação e pelos órgãos superiores do sistema, quer pelas pessoas que com ele convivem no cotidiano escolar, o diretor é visto como o responsável último pela escola. As pessoas entrevistadas na unidade pesquisada são unânimes em reconhecer esse poder da diretora, mas revelam também uma grande aceitação de seu modo de agir, afirmando que o exercício desse poder não se faz autoritariamente. Elaine, professora da primeira série[2] matutina, por exemplo, diz que quando começou a trabalhar na escola esperava encontrar um diretor ou diretora tradicional, que ficava em sua sala e não fosse acessível. Mas enganou-se porque Raquel é uma diretora extremamente simpática, que se relaciona muito com os professores, sempre presente na escola, de quem os próprios alunos gostam. Diz que se algum professor diz ao aluno que vai mandá-lo para a diretoria ele gosta e diz que quer ir, sim, conversar com a Raquel, que é legal.

Raquel foi "designada" diretora. Ela trabalhou dois anos como assistente técnico-pedagógico (ATP), na Diretoria de Ensino (DE). Daí foi convidada para ser diretora de um Centro Específico de Formação e Aperfeiçoamento do Magistério (Cefam), "que foi uma grande escola". Nesse Cefam havia pessoas que conheciam muito bem o trabalho e foram muito amáveis em ensinar-lhe. Nisso, ela aprendeu a importância de se ouvir as pessoas. Está na direção da Escola Célia Cintra há menos de um ano. Passou em dois concursos para diretores, mas sem alcançar a pontuação necessária para se efetivar. Por uma Resolução da Secretaria da Educação (Resol. 73), as pessoas nessa condição podem se inscrever (em agosto) candidatando-se à direção em escolas que estão vagas ou em que a diretora esteja afastada. Esse foi o caso de Raquel.

Nas observações que realizei, constatei a diretora Raquel sempre muito presente nas atividades da escola, participando de reuniões de pais e em conselhos de escola, coordenando as reuniões e tratando de assuntos

---

2. Embora possa parecer um anacronismo falar em séries escolares numa estrutura didática organizada em ciclos, no sistema público estadual paulista o sistema de ciclos de aprendizagem vigora, na verdade, apenas em termos formais, já que, na prática, a organização e a cultura "seriada" continuam praticamente intocadas. Além disso, na prática real da escola, os entrevistados utilizam o termo "série", quando se referem aos anos que comporiam cada "ciclo", numa evidência de que a seriação não foi superada. Por isso, é essa nomenclatura que utilizo neste trabalho.

pedagógicos, sem se restringir aos assuntos meramente "burocráticos". Mas essa sua dedicação ao pedagógico é relativamente recente, a partir do momento que ela pôde contar com os serviços da atual vice-diretora, há pouco mais de dois meses. Por isso, embora ela ressalte a importância do pedagógico para o diretor, ela mesma reconhece que ainda não está inteiramente a par de todas as questões pedagógicas que o trabalho da escola envolve. Mas diz que passou para a vice-diretora "tudo que é assim de papel para ela", e agora pretende acompanhar inclusive o HTPC.

Márcia, a vice-diretora, confirma em sua entrevista que a diretora prefere, ela mesma, cuidar do pedagógico e que a vice só se envolve nos assuntos pedagógicos quando solicitada pela Diretora. Márcia, que já foi vice-diretora em outras três escolas, e também coordenadora pedagógica em outras duas, veio para a Célia Cintra por indicação de Raquel. Antes ela estava na Diretoria de Ensino (DE), como ATP. Segundo ela, "geralmente o cargo de vice-diretor, quem escolhe é o próprio diretor. [...] O diretor tem direito de escolher o vice dele. [...] Geralmente eles dão prioridade ao professor que já trabalha na escola." A diretora primeiro ofereceu o cargo aos professores da escola, mas como ninguém se dispusesse, ela solicitou à DE que, depois da aprovação do conselho de escola, autorizou a transferência de Márcia como vice-diretora.

Segundo Andreia, professora da terceira série matutina, o trabalho do vice-diretor é muito burocrático, ocupado apenas com rotinas maçantes, e pouco envolvido com os assuntos pedagógicos. Diferentemente do que se verifica em outras escolas, em que o diretor delega ao vice-diretor a incumbência de praticamente responsabilizar-se pelos serviços da secretaria, Márcia diz que não exerce qualquer função na secretaria, que está a cargo de Inês. Esta diz que a função da vice-diretora é mais ligada à direção e não à secretaria. Diz que a vice-diretora cuida da merenda, da prestação de algumas contas e de auxílio à diretora no que esta determinar.

Durante o período em que foi feita a coleta de dados na E. E. Profa. Célia Cintra, a escola parece que passava por um período de paz e convivência democrática com a ocupante do cargo de direção, porque todos tinham em Raquel uma profissional simpática que tratava a todos com bastante atenção e respeito, preocupando-se com o bom andamento das atividades educativas. Mas outro fator que causava preocupação e reclamação de alguns entrevistados era a descontinuidade das políticas com relação à escola e a mudança frequente de diretores. Inês diz que faz 16 anos que está na escola pública e já viu muitos governos passarem. Afirma que sempre que muda de governo, muda tudo na orientação da escola e que isso prejudica muito porque não há continuidade de programas e de ações. Outro problema que ela menciona é a descontinuidade com relação ao diretor. O fato de o diretor poder se afastar é prejudicial à escola.

> Porque [se] você presta um concurso para ser diretor de escola, você assume na escola X e tem toda a responsabilidade de ficar ali, mesmo que ela não seja próxima a sua casa, ou um pouco distante; mas, assim, naquele momento você fez a sua escolha. E hoje em dia o governo abre muito as opções e dá abertura para que o funcionário saia e, às vezes, as escolas ficam desamparadas, sem diretor. E, aí, vem o [diretor] designado, que, às vezes, também, trabalha bastante, e quando ele está quase adaptando ao seu modo, muda de novo a resolução, às vezes o titular volta, tira ele. Então, é isso que eu acho que prejudica muito o andamento da unidade.

Algumas semanas após esta entrevista de Inês, Raquel entrou em licença-prêmio para não mais voltar à escola, ficando a direção ao encargo de Márcia, até que viesse outra diretora ou diretor, por efeito de concurso público ou por designação temporária da Secretaria da Educação.

5. A escolha do diretor

Um dos temas mais debatidos quando está em pauta a figura do diretor escolar é o processo de escolha para provimento do cargo. Já discuti essa questão em outro trabalho (Paro, 2003) e apresentarei aqui apenas algumas notas sobre as várias alternativas de escolha com vistas a melhor apreciar as manifestações dos depoentes ouvidos no trabalho de campo. *Grosso modo* pode-se falar em três modalidades de escolha: nomeação pura e simples pelo poder executivo, concurso público, e eleição pela comunidade escolar.

A nomeação por critério político, em que o secretário da educação ou o chefe do poder executivo escolhe o ocupante do cargo, tendo como base o critério político-partidário, é comumente considerada a pior alternativa, em virtude do clientelismo político que ela alimenta e a falta de base técnica que a sustente, já que o candidato é escolhido não por sua maior experiência e conhecimento de gestão e de educação, mas por sua maior afinidade com o partido ou o grupo no governo do estado ou do município. A argumentação dos adeptos dessa alternativa se refere à legitimidade do ato, tendo em conta que o povo elegeu o governante e este tem a prerrogativa, garantida em lei, de escolher seus auxiliares, para pôr em execução a política de governo sufragada nas urnas.

Essa argumentação certamente não resiste à confrontação com a realidade das direções escolares providas por esse critério, que evidenciam como a tal "democracia liberal" propalada no discurso materializa-se em ações que visam não o interesse público, mas os interesses (privados) dos diretores e dos grupos políticos que os indicaram e a quem eles servem, em última instância.

Além disso, o apelo político para justificar a nomeação parece não ter muita coerência. Se se tem, de fato, a convicção de que o governo eleito tem a aprovação da população nos atos que ele realiza, não há por que temer a vontade desse povo (na forma de uma eleição do diretor), e escolher autoritariamente o diretor em vez de dar aos cidadãos a oportunidade de exercer ainda mais a democracia. Só assim se pode sair dos estreitos limites da "democracia política em sentido estrito" e avançar para o exercício da "democracia social", ou seja, para o controle democrático do Estado, ali mesmo onde ele presta os serviços a que os cidadãos têm direito (BOBBIO, 1989, p. 54-55).

Se existe uma virtude do processo de escolha política, ela está no fato de que, *sendo* uma alternativa antidemocrática, ela *parece* antidemocrática aos olhos de todos, de tal modo que só muito raramente se encontra alguém, entre os educadores, funcionários e usuários da escola, que se declare favorável a essa medida. De qualquer modo, somente a alternativa da escolha democrática por meio de eleição consegue contra-argumentar as razões declaradas pelos adeptos da indicação política, visto que o concurso não tem nada a oferecer em termos democráticos para substituir a nomeação política.

A escolha por meio de concurso de títulos e provas tem como justificativa a pretensa imparcialidade presente no critério técnico, aferido em exames, que não favorece ninguém pessoalmente, mas visa selecionar de forma objetiva os que provarem possuir os conhecimentos exigidos. Em acréscimo, alega-se um caráter democrático porque oferece igualdade de oportunidades para todos os que prestam o concurso. (Apenas se esquece de reconhecer que, à liberdade dos candidatos a diretor para escolherem sua escola, não corresponde nenhuma liberdade dos usuários e trabalhadores da escola para escolherem seu diretor.)

Assim, esses argumentos em favor do concurso têm sido suficientes para convencer um sem-número de pessoas ligadas ou não à educação, especialmente no estado de São Paulo, onde o critério é adotado no sistema estadual e onde, parece, tem havido historicamente uma tendência muito conservadora de oposição à eleição em favor da opção pelo concurso. Essa tendência parece dar sinais de enfraquecimento nos últimos anos, à medida que ganham força argumentos mais realistas que desmistificam as pretensas qualidades dessa última opção.

Na verdade, não se pode negar a importância do concurso como critério técnico para a atribuição de cargos e funções, de modo a afastar as práticas de nomeações políticas que tendem a favorecer interesses pessoais e privados, por oposição ao interesse público. É preciso, entretanto, saber ver suas limitações. Obviamente o concurso não pode ser aplicado para todo e qualquer posto ou ofício público. Não se presta concurso, por exemplo, para deputado, para governador ou para presidente da república.

O que fundamenta a indicação do concurso é o conteúdo técnico especial do cargo ou ofício a ser provido. O professor, por exemplo, não pode sequer ser imaginado sem que ele detenha um conhecimento técnico de Pedagogia e Didática e dos componentes culturais que ele vai oferecer a seus educandos. Por isso, o concurso, embora nem sempre seja suficiente, é o critério que melhor serve para escolher os professores aptos a exercer sua profissão. Neste caso, embora não esteja ausente o fator político — já que toda relação pedagógica é, a rigor, uma relação política —, é o fator técnico (didático-pedagógico) que dá especificidade à função. No caso do diretor, o fator técnico está, sim, presente, mas seu conteúdo é o mesmo que se exige para o professor. Inúmeros estudos e pesquisas (v., p. ex., PARO, 1995), têm demonstrado que o que se exige do diretor, em termos técnicos, em comparação com o que o bom professor detém, é tão ínfimo e tão relacionado à prática do dia a dia da escola, que o aprendizado técnico das matérias relacionadas à Administração ou à Gestão que costumam povoar os cursos superiores é não apenas desnecessário como inútil. Somente os que veem no diretor um gerente de fábrica podem reivindicar um componente técnico ao diretor que não seja o próprio conhecimento de educador já aferido no concurso para professor. Para além disso, o que se necessita é de competência política e legitimidade para coordenar o trabalho dos demais trabalhadores da escola, competência essa que só se dá com o exercício da política, e legitimidade essa que só se pode aferir pela manifestação livre dos "dirigidos" expressa no voto.

Por isso, a modalidade de escolha que mais se adéqua às peculiaridades da função do diretor é sua eleição pela comunidade escolar. Certamente isso não significa nenhuma certeza em termos da completa democratização da escola, já que é apenas uma das medidas necessárias (v. PARO, 2003). Entretanto, sem ter os vícios das outras alternativas de provimento, a eleição é a única que tem a virtude de contribuir para o avanço de tal democratização.

Em termos políticos, o concurso não apresenta nenhuma vantagem em comparação com as outras modalidades, nem mesmo com a nomeação política, porque, assim como esta favorece o clientelismo, e o atendimento de interesses dos governantes, em oposição ao interesse da comunidade escolar, o diretor concursado só deve explicações ao Estado (nas pessoas dos governantes do momento), de onde emana sua autoridade e legitimidade. Por isso é muito difícil ele se sensibilizar com as reivindicações da escola. Há ainda um agravante: no caso do diretor nomeado por critério político, a cada quatro anos "corre-se o risco" de as coisas mudarem e vir um diretor melhor. No caso do diretor concursado, não, ele estará sempre "sintonizado" com o partido ou o governante do momento.

Como se pode perceber, o concurso tem todos os vícios da nomeação pura e simples, mas não tem a única virtude desta, que é favorecer a explicitação de seu caráter político. Como vimos, a nomeação é ruim para a escola, para a educação e para a democracia e *parece* ruim (isso tem levado as pessoas a se voltarem contra ela e reivindicarem a eleição); o concurso é igualmente uma medida ruim, mas *não parece* ruim porque se esconde sob a capa protetora da "impessoalidade" e da "igualdade de oportunidades", o que pode explicar em grande medida a resistência com relação à eleição, como acontece nos lugares onde a medida é adotada, como no estado de São Paulo.

A questão da melhor alternativa para a escolha do diretor ou diretora de escola foi feita aos entrevistados da E. E. Célia Cintra. As respostas apresentam aspectos muito esclarecedores a respeito das discussões que normalmente se faz sobre o assunto. Márcia, a vice-diretora, indagada sobre o melhor sistema de escolha de diretor, diz:

> É difícil, professor, porque concurso, eu acho que tem que ter, sim, o concurso, acho que tem que ter concurso, mas nem sempre o concurso, ele mostra capacidade. Tipo assim, porque isso acontece muito e a gente vê direto casos assim: ele era um professor, ele não tinha experiência nenhuma, nunca foi coordenador, nunca foi vice, nunca foi diretor, e ele passou no concurso e ele vai ser diretor. Não tem experiência, não tem vivência daquilo, e às vezes ele mete os pés pelas mãos, obviamente, né, não tem experiência. Então, concurso mede? Até que ponto concurso mede? E às vezes você vê um diretor concursado e que a escola é a maior confusão, não funciona, é uma bagunça, digamos assim. E a escola tende a cair. Então, o concurso mede ou não mede a capacidade? Eu fico com minhas dúvidas se o concurso vale a pena ou não.

E acrescenta a vice-diretora: "E aí o cara se efetiva, ele tá lá... [...] Tem uns que falam: 'A escola é minha, eu que mando e acabou. Eu sou concursado.' Bate até na mesa: 'Eu que mando e sou concursado. Você não pia que você não é nada.' Isso acontece." A julgar pelas reclamações dos professores, essa conduta dos diretores talvez seja mais frequente do que normalmente se pensa ou se deseja. Antônia, auxiliar de professora,[3] reage a essa postura, declarando: "O diretor, ele tem que aprender que ele não é o dono da escola, que a escola é da comunidade." Quando perguntada sobre a visão que tinha do diretor, quando era aluna do ensino fundamental, Antônia responde incontinenti: "Eu tinha medo. Eu tinha muito medo. Eu tinha uma diretora muito brava. Eu tinha medo do diretor. [...] E tem diretor que continua achando que é isso que ainda funciona: o aluno ter medo dele."

Por outro lado, Márcia não vê solução também na escolha pela comunidade porque esta pode errar e eleger um diretor ruim. "Então, eu não sei como que seria escolhido um diretor, por concurso ou pela comunidade. É difícil. Você vai ficar sem resposta, porque eu não saberia..." Sobre a nomeação, ela considera também muito problemática. Perguntada sobre qual ela preferiria entre o concursado e o eleito, responde: "O concursado, o concursado, né, eu acho. Porque, pelo menos ele concursado, dependendo de como ele é, se ele é flexível ou se ele não é, dá para se trabalhar." Questionada sobre a perenidade do diretor concursado que não pode ser mudado, e o fato de que ele vem de outra escola, que nem conhece a escola em que vai exercer o cargo, Márcia cede de certa forma aos argumentos: "Aí, nesse caso, sim. Aí seria mais interessante mesmo uma pessoa eleita."

Perguntada sobre a escolha do diretor, Andreia, professora da terceira série matutina, responde: "Eu não sou a favor do concurso, eu não acho correto." Diz que, se um diretor ou diretora está fazendo um bom trabalho, de que a comunidade esteja gostando, ele tem que permanecer para terminar esse trabalho. O problema com o concurso é que, se alguém passa nos exames e escolhe a Célia Cintra, mesmo sem ter nenhum conhecimento da escola, das pessoas, de seus problemas, do modo de as

---

3. Como se verá mais adiante (capítulo 5), o auxiliar de professor é o que o governo estadual alardeou como sendo o "segundo professor" na sala de aula, o que não é verdade. Trata-se tão somente de um estudante de graduação, sem habilitação docente, que, a partir de um convênio entre a universidade e o governo do estado, "auxilia" o professor da classe, recebendo, para isso, uma espécie de ajuda de custo, que ele usa no pagamento de seus estudos.

pessoas se portarem, essa pessoa passa a ser diretora, e a diretora que estava tendo êxito tem que sair da direção. Perguntada sobre qual seria, então, a melhor opção, Andreia reage mais ou menos como a vice-diretora, evidenciando certo "medo" da eleição. Diz ela: "Uma eleição... não sei se seria esse nome, mas assim, chegaríamos num consenso." Eu digo: "Isso é eleição." Andreia concede: "É, uma eleição." Mas sua postura não deixa de revelar certa "cisma" com o termo.

Pode-se especular que essas pessoas de pouca vivência política, mesmo verificando os malefícios do concurso, resistem a pensar numa solução que seja explicitamente política. Talvez muito da resistência de professores à eleição seja o fato de que o ritual ou a cerimônia de colocar o voto na urna rompe com uma liturgia escolar pretensamente imune à política.

Em seguida Andreia critica a mudança constante de diretor de uma escola para outra (remoção), porque às vezes não dá nem tempo de conhecer sua escola. "O diretor tem que conhecer a comunidade, tem que ser conhecido pela comunidade. E às vezes o trabalho não flui por isso, é muita troca..."

As falas de Márcia e de Andreia são exemplos de como o argumento da competência técnica aferida em concurso está alojado na mente das pessoas. Mesmo com tantas críticas ao sistema vigente, elas resistem a outra alternativa, especialmente porque temem a eleição. Mas um fenômeno de grande importância na pesquisa feita é o crescimento considerável do número de pessoas que simpatizam com a eleição e rechaçam o concurso, quando os dados são comparados com pesquisas empíricas anteriores que realizei, em que praticamente a unanimidade era favorável ao concurso (Paro, 1995) ou em que pelo menos a grande maioria com ele simpatizava (Paro, 2000, 2001b).

Raquel, a diretora, por exemplo, à pergunta se ela acha que o concurso é a melhor forma de selecionar o diretor, responde taxativa: "Não acho! Não acho que seja. (Não é porque eu não passei, hein. Porque pode parecer um pouco de mágoa...)." Conta que teve colegas que perderam a direção da escola porque alguém que passou no concurso, que "não conhece nem a escola", escolheu sua escola para ser diretor. Pessoas, por exemplo, que fizeram Administração de Empresas e entraram na direção de uma escola, porque fizeram uma complementação pedagógica qualquer e acabaram se decepcionando. "Mas eu acredito ainda que a eleição pelos pares seja um processo mais justo." Por outro lado, além de considerar que o concurso não garante que o diretor vá desempenhar seu papel, Raquel acrescenta que, "ao mesmo tempo, em contrapartida, um diretor efetivo numa escola é muito bom. Porque é seguro." Porque a mudança constante de diretor é nociva. Ela gostaria, portanto, que o diretor fosse lotado por eleição, mas que fosse "efetivo", ou melhor, que tivesse um mandato contínuo, com referendos periódicos sobre sua permanência na direção. "E que estivessem todos os segmentos da escola nessa eleição." Na sequência da entrevista, Raquel explica ser favorável à eleição com mandato de um ano, que se poderia renovar. Pergunto se ela não acha pouco um ano e ela diz que não. "Eu acho que, num ano, dá para perceber o trabalho." Sobre a nomeação, pura e simples, Raquel acha arriscado. Diz que tem que haver critérios. Por exemplo, ter pelo menos oito anos de magistério, como ela, ter prestado um concurso, mesmo sem alcançar os pontos necessários para se efetivar, etc. O que ela teme é que se façam nomeações político-partidárias.

Vera Sanches, a coordenadora pedagógica, acha que, a exemplo do que acontecia com as escolas experimentais, o diretor deveria ser escolhido pela comunidade. Acha que o concurso não é eficaz para escolher um bom diretor.

> Porque, essas pessoas, como são escolhidas hoje? Eu vou, presto uma prova, naquele dia, maravilha, eu fui muito bem, fui escolhida na minha vez... Mas eu posso não ser competente, eu posso não ser do ramo. [...] Então, eu acho que tem que ser na base da democracia mesmo, a comunidade votando.

Com relação ao concurso, diz que não garante competência e tem exemplos de pessoas que prestam o concurso, são aprovadas e chegam na escola e não sabem nada, não conhecem a escola e não dá certo.

Antônia, auxiliar de professora, acha que o diretor deve ser escolhido por uma prova, mas que também seja eleito pela comunidade. "O diretor deveria ser alguém que fosse professor, e que a comunidade conheceria, como ele trabalha, como ele lida com o aluno." Diz que, se a comunidade não gostar do diretor, tem direito de destituí-lo.

Vanessa, professora da segunda série vespertina, diz que o bom seria que o diretor fosse "eleito pelos professores da escola, que já o conhecem". Reclama que, por conta do concurso, a escola a toda hora vive mudando de diretor. Com isso, o trabalho fica muito segmentado. "Eu acho que se fosse alguém da própria escola que fosse eleito pelo grupo de professores, a pessoa até teria mais interesse em cuidar dos interesses da escola."

Também Marilda, professora da quarta série vespertina, é favorável à eleição.

> A nível de rodízio, como seria escolhido? Eu acho que nada mais justo que o conjunto da escola. Eles estão ali naquela realidade, ali, daquela comunidade; então, por eles estarem já trabalhando, estão ali no conjunto, fazendo o seu bom trabalho, eu acho que nada mais justíssimo... a eleição da escola.

Inês, secretária, assim se manifesta sobre a escolha do diretor: "Pois é, eu acredito que, se você tem bons diretores de escola, substitutos, que vêm pelas resoluções, e a escola funciona, então, por que não deixarem eles efetivamente? Por que têm que prestar um concurso, que tem que ter mais ou menos uns oito anos de carreira no magistério?" Com relação à eleição, Inês diz: "Eu acho que seria uma coisa muito boa. Você acaba escolhendo aquele que você já conhece o perfil, que trabalha, que é da escola, que faz..." Diz que desde que está na Escola Célia Cintra, passaram quatro diretoras:

> A Lúcia tinha um perfil, os alunos todos adaptados. Quando ela saiu, ficamos sem chão, porque ela é professora da casa, estava designada como diretora aqui; e aí houve um concurso de remoção, Lígia veio — lógico, direito dela — mas não ficou. Aí se afastou. Ficamos um bom tempo sem [diretor], aí a professora Rute, também que não sabia de nada, acabou se adaptando de uma outra forma. Aí depois, por causa do concurso de remoção novamente, a professora Rute sai [...] e entra a Raquel. Quer dizer, a gente tem que se adaptar porque cada pessoa é diferente.

Diante da opção de prover o diretor por concurso, Elaine, professora da primeira série matutina, diz: "Ah, eu acho que poderia estar pegando alguém da sua escola." Prefere o provimento por eleição. "Eu acho que a equipe tem que recebê-lo bem. E ele, sendo escolhido por eles, eu acho que a relação fica melhor. Porque se vem alguém que nunca viu... A Márcia [vice-diretora] mesmo, eu vejo por ela; ela não conhece a escola. Às vezes a gente pergunta as coisas para ela, ela diz: 'Ah, não sou dessa escola.'" Ironicamente, apenas algumas semanas depois, mais uma vez a escola teve de mudar de diretora, e quem passou a ocupar a vaga foi Márcia.

6. A formação do diretor

Em termos gerais, há pelo menos duas posições alternativas com relação à formação do diretor escolar. De um lado, há uma posição mais tradicional que vem desde os trabalhos de José Querino Ribeiro, que advoga uma formação técnica específica para o dirigente escolar, com base no argumento de que o diretor tem funções especiais diferentes das funções do professor. De outro lado, há a posição que defende uma formação do diretor essencialmente educativa, à semelhança da formação dos demais educadores escolares, pois acredita que o pouco de específico, ou de técnico não educativo, que existe na função do diretor não exige uma formação regular diferenciada, no molde das habilitações ou mesmo de cursos específicos de administração. Como afirmei na seção sobre a escolha do diretor, neste mesmo capítulo, o pouco que é exigido em termos técnicos que escapa à formação docente é mais facilmente aprendido nas atividades cotidianas, no próprio exercício da função diretiva escolar.

Em trabalho recente (PARO, 2009b) defendi essa última posição, acrescentando que, numa gestão escolar democrática, todos os educadores são potenciais candidatos à direção escolar, não justificando diferenças em sua formação. Há, entretanto, autores que defendem opiniões contrárias a essa. É o caso, por exemplo, de José Carlos Libâneo, que afirma:

Há divergências significativas sobre se a atividade "administrativa" distingue-se da atividade "pedagógica" e sobre se a direção administrativa e direção pedagógica devem ser exercidas necessariamente por um professor. No Brasil, difundiu-se bastante a ideia de que a direção e a coordenação pedagógica são formas diferenciadas de uma única função, a docente. Defendemos uma posição diferente. Tanto o diretor de escola quanto o coordenador pedagógico desempenham, cada um, *funções específicas*, que requerem *formação profissional também específica*, distinta daquela provida aos professores. Nesse caso, o diretor *não precisa exercer nem ter exercido a docência*, embora deva receber formação para lidar com questões de ensino. Em outras palavras, as funções de direção, coordenação pedagógica e docente não precisam coincidir necessariamente. (LIBÂNEO, 2004, p. 224; grifos meus.)

Essa posição ignora o caráter político da função do diretor, supondo que suas habilidades e conhecimentos requeridos para liderar o pessoal e coordenar o esforço humano coletivo são passíveis de serem adquiridas nos livros e nas Faculdades de Educação ou de Administração. Entretanto, se se considera o caráter político (educativo) de sua função, tem-se que admitir que sua habilidade política é adquirida no *exercício mesmo* da política. Como afirmei, se assim não for e se, numa posição tecnicista, advogarmos um aprendizado técnico para exercer suas funções, então teríamos que exigir diploma de "administração" também de prefeitos, governadores, deputados, senadores, presidentes da república, etc., etc.

Na escola pesquisada, o que as professoras e outras educadoras mais fizeram referências como importante na formação do diretor foi precisamente esse componente educativo que vimos reivindicando.

Marilda acha que a formação do diretor não tem que ser diferente da de professor. Critica a falta de experiência pedagógica de diretores e de supervisores. "Conheci supervisores que nunca entraram na sala de aula. Então, como é que pode resolver o problema de uma escola, se nunca pisou em sala de aula? Então, está fora da realidade. E se você vai discutir, opa, existe a hierarquia."

A diretora Raquel diz que a formação específica do diretor escolar em habilitações no curso superior "não garante nada". Acha que o diretor tem que conhecer de contabilidade, tem de entender bastante da legislação, "para não sair fora do que é legal. Tem que ser advogado, contador, que mais? E tem que entender um pouco de relações pessoais." Quando pergunto: "E de educação, a parte de formação em educação?", ela responde: "Então, agora o senhor me pegou." Depois se dá conta e diz: "Eu acho que um bom diretor tem que ficar encarregado da parte pedagógica mesmo. Isso é o que eu acho. E essa parte da contabilidade e da legislação é o que se quer... o que se precisa."

Sobre a formação do diretor, Márcia diz que tem que ter curso superior, Pedagogia; Administração não precisaria ter. Diz que na faculdade não se aprende nada da administração que é dada. Já a professora Elaine considera que uma boa formação do diretor deve contemplar o conhecimento da sala de aula. Deve conhecer muito bem de educação e da função de professor. "Eu acho que o diretor tem que ter uma formação que ele esteja dentro desse universo que o professor passa na sala de aula."

Inês acha que o diretor deve ser bem capacitado e precisa, além de tudo que é exigido em termos de legislação, ter um bom contato humano. Ao ser sugerida a área pedagógica, Inês concorda: "É, a área pedagógica não pode faltar. Eu acho até que têm algumas coisas em que o diretor e o coordenador têm que andar lado a lado."

Quanto à formação, a professora Andreia acha que o diretor deve ter Pedagogia, basicamente. Acredita que não é preciso uma formação específica. Diz que o específico da Administração acaba se aprendendo na escola em que trabalha.

Antônia, ao falar sobre a estrutura atual da escola, diz: "Se for pensar de uma maneira geral, está faltando um apoio para o diretor, um orientador para o diretor. Está faltando não sei se mais cursos..." Acha que o diretor deveria ter mais orientação de como lidar com o aluno, ser mais humano, etc. E conta:

> Eu vi uma diretora que o aluno chegou, ela tinha fechado o portão [fazia] dez minutos, e ela mandou o aluno voltar. E a mãe do aluno explicou: "Ele está chegando aqui agora porque eu atrasei porque eu vou trabalhar em tal lugar, porque eu tenho que pegar ônibus, ele não tem com quem ficar em casa se ele não entrar em sala de aula." Só que ela [a diretora] já tinha dado a palavra dela que ia fechar e ela [a mãe] disse: "Eu vou na Diretoria de Ensino, eu vou reclamar." [...] Ela [a diretora] falou que já tinha dado a palavra e não podia voltar atrás. É um absurdo você, por causa de dez

minutos... [nem] por causa de uma hora, você não pode mandar o aluno voltar. Porque o aluno ainda tem três, quatro horas e ainda pode aprender muita coisa. Eu acho que o aluno não pode voltar em hipótese nenhuma para casa. A escola tem que dar essa base para o aluno. Então, eu acho [...] que tem muito diretor e coordenador despreparado.

Nesse caso relatado por Antônia, percebe-se claramente que o que falta à diretora não são conhecimentos administrativos, passíveis de aprendizados em faculdades ou em "programas de formação de gestores", como os que têm medrado ultimamente. Além de uma personalidade melhor constituída com valores democráticos, o que parece faltar verdadeiramente à diretora são conhecimentos pedagógicos básicos, componente imprescindível na formação de bons educadores.

7. Estrutura atual da escola

No decorrer das entrevistas, era perguntado a cada depoente se estava contente com a atual estrutura administrativa da escola e o que ele considerava importante mudar para que a escola ficasse melhor e se fizesse mais democrática. O resultado foi, de certa forma, frustrante: a maioria demonstrou jamais ter-se perguntado a respeito. As pouquíssimas sugestões de mudança que houve referiam-se a mudanças tópicas, sem nenhuma referência a mudanças estruturais que fizesse a escola adequada a objetivos radicalmente educativos e democráticos.

A diretora, ao falar sobre a atual estrutura da escola, diz que, se funcionasse como é previsto, estaria bom. Mas ainda é muito difícil a constituição e o bom funcionamento de colegiados, e a parte "administrativa" (ou seja, a papelada, a organização de horários, etc.) é deixada muito a cargo apenas do diretor. Reclama Raquel que, com a atual secretária da educação, "a coisa tem vindo muito fechada, muito amarrada e assim: 'Faça! Execute!'"

Quando pergunto à professora Vanessa o que ela mudaria na escola (de um modo geral, qualquer aspecto) ela responde com a sugestão de pequenas reformas *ad hoc*, não com mudanças estruturais.

Pergunta:

Se você tivesse que mudar a escola, o que você mudaria? Pensando em tudo, desde a organização da sala de aula, passando pela direção, se você acha que deve ser um diretor, se deve ser um colegiado, como deve ser, tudo, qualquer coisa. O que que você mudaria se você pudesse ser mágica de mudar?

Resposta:

[silêncio] Ah! Eu acho que, em primeiro lugar, eu daria uma mudada no espaço, porque meus alunos, principalmente os do ano passado, da primeira série, eles reclamavam que não têm um parque na escola, que eles queriam brincar, e não tem um parque... porque eles vêm da Emei [Escola Municipal de Educação Infantil], né, e agora eles estão entrando um ano mais cedo. Então eles sentem falta de um parque... A formação dos professores, eu acho que deveria ter mais cursos... Assim, até que tem bastante. Que nem o "Letra e Vida"[4] pra mim foi ótimo.

E continua: "Ah, direção eu não sei direito o que a direção de uma escola pública faz, efetivamente. Eu sei que ela cuida muito da parte burocrática, tenta dar atenção ainda pra nós, pros alunos, tudo, mas eu acho que fica meio complicado para a diretora, né." Vanessa fala também da falta de material. Diz que agora há mais material, mas falta, ainda.

Márcia, a vice-diretora, diz que mudaria, sim, a estrutura atual.

Eu acho que eu mudaria, sim. Porque tem coisa que já vem determinada de lá, da Secretaria da Educação, e a gente não pode mexer. Na verdade, eles falam de democracia, mas eles não têm nada de democrático. Já vem tudo pronto, tudo colocado e a gente tem que aceitar. [...] Vem de cima e a gente tem que cumprir. Infelizmente.

Mas, perguntada em que mudaria a estrutura atual, Márcia não é tão específica, apenas expressando o desejo de mudar, mas não anunciando o quê. Pergunta: "O que você faria para mudar isso?" Resposta: "Se eu

---

4. Trata-se de programa de formação de professores alfabetizadores oferecido pela Secretaria da Educação do Estado.

pudesse, eu deixaria a escola com mais liberdade, uma escola democrática, que ela assumisse e respondesse por essa parte, junto com o grupo, é óbvio, né. O vice, coordenador, professor, comunidade... Eu vejo dessa forma. Agindo com liberdade e participação."

Marilda é mais uma professora que diz não concordar muito com a hierarquia existente e acrescenta que, para superar isso, precisaria haver um rodízio entre as funções do diretor e as do professor.

Em suma, o assunto da estrutura administrativa da escola parece nunca ter sido tomado como problema, com indicações bastante vagas e pouco convincentes sobre mudança.

8. Conselho de escola e associação de pais e mestres

Na escola pesquisada, nem conselho de escola (CE) nem associação de pais e mestres (APM) funcionam de maneira que se possa chamar de normal. O conselho de escola é órgão deliberativo que deve fazer parte da direção escolar, mas se mostra muito pouco atuante, como costuma acontecer em grande parte das escolas (cf. PARO, 1999). De modo semelhante, a APM, considerada órgão auxiliar da escola, também tem existência apenas formal. No período de coleta dos dados, durante o ano de 2008, não foi possível assistir a nenhuma reunião desses órgãos. Quanto ao conselho de escola, por duas vezes houve menção de realização de reuniões em que eu compareceria para assistir, mas foram desmarcadas. Quanto à APM, nenhuma reunião foi sequer aventada nesse período.

De sua experiência em direções de escolas, Raquel, a diretora, considera que "é difícil você constituir o conselho. E quando você constitui e consegue uma reunião de conselho, a outra dificuldade é fazer com que esse conselho resolva." Fala a respeito do modo mais ou menos formal que funciona o conselho, exemplificando com a primeira reunião do ano em que se aprova o calendário escolar. "Então ele vai ver o modelo — que é mandado pela Diretoria de Ensino, de acordo com a secretária da educação — e vai lá e 'Tá, tá certo, tá certo. Então vamos fazer a ata...' Todo mundo assina e pronto." Nas outras reuniões são sempre tratadas questões disciplinares ou o uso de uniforme e "outras coisas que vão cansando e que a gente acha que não vale a pena mesmo".

Com relação à APM, diz Raquel:

A APM é pior, então [do que o conselho]! Eu tenho APM, registrado em cartório e tudo. Primeiro, precisa de pai que não tenha nome sujo para poder estar assinando cheque [risos], que representa juridicamente a escola. Então, aí já é uma grande dificuldade, porque hoje em dia tá todo mundo meio enrolado.

A diretora fala da dificuldade de a APM cumprir seu papel.

Por, exemplo, em janeiro [estávamos em abril], as escolas receberam 7 mil de verba para esse mutirão da escola. Eu pude reunir a APM? Eu não pude... [porque era período de férias]. Mesmo em período letivo, a APM tem mais de 20 membros (tem o conselho deliberativo e a diretoria, que tem os cargos, diretor esportivo, diretor financeiro tal e tal e fica difícil de se reunir). E aí a gente acaba fazendo, chamando pelo amor de Deus o pessoal do conselho para depois assinar (o Conselho Fiscal, que são três pessoas) para poder fazer o processo e encaminhar no dia tal que tem que estar lá.

Raquel afirma que valoriza muito mais as reuniões de pais e acha que, nessas ocasiões, se deveria "tirar" um representante de pais de cada classe. Mas diz que os próprios pais às vezes nem sabem o que é APM e confundem com a PM (polícia militar) e dizem: "A gente precisa dar dinheiro pra PM?"

Vera Sanches, coordenadora pedagógica, diz que, em geral, "o conselho é soberano" e ela acha "bárbaro".

Agora o problema, Vitor, eu não sei se é por falta de tempo, por falta de... (o que que eu poderia falar?) ele é muito... ele é mal direcionado, é mal utilizado, é pouco convocado... Se se usasse como se deveria usar [seria ótimo] resolveria muitas questões, os trabalhos andariam mais. Sabe por quê? Talvez até em função da própria correria, a gente... A nossa mania, o nosso jeito é resolver tudo aqui rapidinho, correndinho, e as coisas vão ficando, não se resolve, não se chama para discutir, não se chama para conversar.

Sobre a APM, diz Raquel:

Nós temos nossa APM, bonitinha, formadinha, registrada, naqueles trâmites todos. Conseguimos a duras penas, eu já te disse. Os nossos pais participam. Só que eles participam indiretamente, a partir do nosso comando. Então, eles não vêm à escola, eles não vêm saber, por exemplo, "olha, eu estou olhando, assim, não dá para a gente tirar aquela cerca, colocar uma parede, botar uma piscina, botar um teto, botar não sei o quê..." A gente não tem um olhar de pai trazido aqui para a gente.

Márcia, a vice-diretora, diz que não participou de nenhum conselho de escola durante o período que está na Escola Estadual Célia Cintra. Diz que o conselho é importante, ele é o soberano, o que se decidiu aí deve ser cumprido e ele é uma forma de se levar em conta a voz de pais, professores, alunos, funcionários. Diz que nas escolas em que trabalhou, os pais comparecem ao conselho quando são convidados. Nas reuniões, os pais são mais tímidos.

Já a professora Marilda acha que o conselho de escola não funciona. "Não funciona porque você não consegue atrair pais para a escola. Na primeira reunião nossa, eles prometem tanto, 'não, eu venho, não, eu dou o nome'. Não funciona. Conselho de escola não funciona, APM não funciona." Diz que na Escola Célia Cintra "quem faz o conselho, a maioria, são os professores mesmo, né. Porque são pouquíssimos os pais, as pessoas da comunidade que participam."

Inês, a secretária, diz que na Célia Cintra os pais não são muito presentes no CE. Era diferente em outras escolas maiores onde ela trabalhou.

A professora Andreia, em clara contradição com o que afirmara pouco antes a respeito do não interesse dos pais em participar da escola, diz que na última reunião do conselho "os pais vieram em peso". Conta que os pais disseram gostar do que a diretora está fazendo, perguntaram, deram ideias. Conclui que "o conselho é gostoso". Quanto aos funcionários, estiveram presentes, mas se manifestaram muito pouco, "os que falavam mais eram os pais, mesmo".

Antônia, auxiliar de professora, diz que o conselho de escola não funciona porque os pais não têm preparação para participar. Segundo ela, "os pais que têm um esclarecimento melhor lutam é para trabalhar" para, assim, "poder colocar o filho numa escola particular". Diz que os pais acham que a escola pública é ruim, não valorizam o professor e consideram a escola privada de qualidade. Perguntada se o pai tem razão em pensar assim, ela responde. "Às vezes, ele tem razão. Na maioria das vezes ele tem razão. Só que, o que acontece? Ele generaliza", porque existem boas escolas públicas, assim como existem escolas particulares ruins.

9. Direção colegiada

Embora não pareça à primeira vista, diante do grande número de trabalhos que tratam da "gestão colegiada" das escolas (v., p. ex., PRAIS, 1990), o tema da *direção colegiada* não tem sido tratado com frequência na literatura sobre administração escolar. Mesmo supondo ou advogando a existência de um colegiado escolar, um conselho de escola, um conselho escola-comunidade, todos com atribuições deliberativas, esses trabalhos, em geral, não questionam a necessidade do diretor como executivo escolar que, nos sistemas de ensino, no Brasil, acabam investidos da autoridade máxima no estabelecimento de ensino. Acontece, entretanto, que uma das maiores dificuldades encontradas pelos conselhos escolares para promoverem a democratização da escola tem sido precisamente o fato de que, por mais deliberativo que seja, ele nunca é *diretivo*, cabendo essa incumbência ao diretor escolar que, como responsável último pela instituição, se vê obrigado a atender, em primeiro lugar, aos interesses do Estado, ou pior, dos governantes do momento. Quando as deliberações do conselho de escola conflitam com determinações dos escalões superiores do sistema é a estes que o diretor se vê compelido a atender. A estrutura administrativa da escola está disposta de tal maneira que o diretor é sempre considerado o representante do Estado na unidade. Em termos weberianos, está ele na condição de quem tem toda a autoridade,[5]

---

5. "[...] a probabilidade de que um comando ou ordem específica seja obedecido" (WEBER, 1967, p. 17).

mas nenhum poder[6], ou seja, é capaz de fazer obedecer a vontade do Estado, de quem é representante legal, mas não tem poder de fazer valer a própria vontade, se esta for contrária à do Estado, mesmo que ela coincida com a vontade do colegiado ou da instituição escolar que dirige. Daí decorre a vulnerabilidade do diretor que, obediente às determinações do Estado, deve assumir a responsabilidade também pelas deliberações do conselho, porque é a ele, diretor, não ao conselho, que o Estado pede contas do funcionamento da escola. Disso advém a preocupação do diretor com a composição do conselho de escola, procurando usar sua autoridade para influir na escolha dos representantes, com receio de que esse colegiado delibere de forma a contrariar aquilo que ele considera a vontade dos órgãos superiores.

Se atentarmos para o caráter mediador da administração, perceberemos que, embora a coordenação do trabalho coletivo seja uma importantíssima função administrativa, na busca de objetivos de qualquer organização humana, ela não precisa ser realizada, necessariamente, na forma de controle do trabalho alheio, como sói acontecer nos sistemas autoritários. Quando se trata da busca de objetivos que atendam democraticamente aos interesses dos envolvidos, a forma mais razoável (até para atender ao princípio essencial de coerência entre meios e fins) é a da cooperação, em que a coordenação do trabalho é feita na forma do consentimento livre dos indivíduos envolvidos. Para que isso aconteça, seria desejável que o processo não fosse organizado de maneira a que um mande e os demais obedeçam, como tem sido na escola — à imagem e semelhança do que ocorre nas organizações do sistema econômico-produtivo em geral —, mas de uma forma que facilite o diálogo entre todos. Se os educadores escolares são, por característica do próprio ofício, promotores do diálogo que viabiliza a educação, parece justo e razoável que a eles caiba um papel determinante na coordenação do trabalho na escola. Por isso, parece procedente, quando se questiona a atual estrutura da escola, indagar se não seria proveitoso, sem prejuízo do atual conselho de escola, propor um conselho diretivo composto por educadores escolares, que seriam, não

---

6. "[...] a probabilidade de impor a *própria vontade*, dentro de uma relação social, mesmo contra toda resistência e qualquer que seja o fundamento dessa probabilidade" (WEBER, 1979, p. 43; grifo meu).

chefes, mas coordenadores das atividades da escola. Em 1995, fiz uma proposta nesse sentido (Paro, 1995), aperfeiçoada em 1998 (Paro, 1999), que sugeria, como exemplo, um conselho diretivo composto por quatro coordenadores: administrativo, financeiro, pedagógico e comunitário:

> Nesse conselho diretivo, o coordenador administrativo não teria [...] o papel que desempenha hoje o diretor, sendo apenas um de seus membros que, com mandato eletivo, assumiria por certo período a presidência desse colegiado, dividindo com seus membros a direção da unidade escolar. Isto implicaria ser o conselho diretivo, e não seu presidente, o responsável último pela escola. Além do coordenador administrativo, fariam parte um coordenador pedagógico, um coordenador comunitário e um coordenador financeiro. Nessa composição, embora a tomada de decisões fosse coletiva, cada um teria maior responsabilidade sobre os assuntos de sua área. Ao coordenador administrativo estariam mais ligadas as questões relativas ao desempenho do pessoal, às atividades-meio e à integração dos vários setores da escola; ao coordenador pedagógico caberia cuidar mais das atividades-fim, preocupado com a situação de ensino e tudo que diz respeito diretamente a sua viabilização; o coordenador comunitário cuidaria mais de perto das medidas necessárias para promover o envolvimento da comunidade, em especial os usuários, na vida da escola; e ao coordenador financeiro estariam subordinadas as questões relativas à aplicação dos recursos disponíveis bem como a parte escritural da unidade escolar. (Paro, 1999, p. 213-214)

Certamente, esta composição é apenas exemplificativa, podendo variar de acordo com o sistema de ensino e a partir de estudos mais detalhados da realidade, mas a ideia é quebrar com a estrutura monocrática de um diretor que, por ser responsável último, acaba, numa escola em condições precárias de funcionamento, sendo o culpado primeiro de tudo que aí se passa, sem condições de negociação com o Estado, por não estar respaldado por uma gestão mais democrática e mais representativa da própria unidade escolar. Assim,

> com esse conselho diretivo, provido de forma eletiva, atender-se-ia à necessidade de não se deixar nas mãos apenas de uma pessoa a direção, que assim teria melhores condições de negociação com os escalões superiores,

sem a característica de bode expiatório que tem hoje o diretor, sobre o qual cai a responsabilidade de todo o funcionamento da escola. Supõe-se que quatro pessoas (em vez de uma) — agora representando o interesse de toda uma comunidade — tenham mais força para fazer valer a importância de suas reivindicações diante do estado. (PARO, 2001a, p. 84)

Ao fazer essas considerações, não se pode deixar de ressaltar sua flagrante contradição com a quase totalidade dos escritos sobre gestão escolar, no Brasil, que praticamente ignoram qualquer tipo de gestão coletiva, recusando-se a perceber a relevância da direção colegiada diante do caráter democrático que precisa assumir o trabalho pedagógico para que a educação escolar verdadeiramente se efetive. A esse respeito não deixa de ser estranha a falta de criatividade nas soluções propostas para o bom funcionamento da escola. Mesmo quando se procura afirmar a necessidade do diretor, sua defesa não se contrapõe a uma alternativa democrática. Myrtes Alonso, por exemplo, diz:

> Merece destaque especial na organização escolar o papel do diretor. Institucionalmente estabelecido, regulamentado por leis especiais, surge, em relação aos outros papéis, em termos de superordenação ou colocação hierárquica superior, com o fim de assegurar a integração dos demais papéis, e consequentemente, o alcance dos objetivos.
>
> O papel do diretor define-se, então, a partir da necessidade de manter o equilíbrio interno da organização, enquanto é impossível esperar que a coordenação do sistema seja totalmente dependente de um plano-base em que tudo está definido, bastando apenas atribuir as funções a cada membro. Embora importante, esse plano-base não é suficiente, uma vez que não pode prever todos os pormenores nem conter especificação do papel, que deve ser estabelecido de modo a assegurar a flexibilidade necessária. (ALONSO, 1978, p. 113)

Parece fora do horizonte uma direção escolar colegiada. À opção pelo diretor, só se consegue antepor a alternativa de um "plano-base em que tudo está definido". Perde-se, assim, a oportunidade de pelo menos especular a respeito de uma solução menos centralizadora e mais de acordo com o trabalho que se precisa desenvolver na instituição a ser dirigida para que ela possa concretizar seus fins.

A proposta de um colegiado diretivo foi recebida com certa reserva, em 1995, quando a apresentei pela primeira vez. A reação mais comum era a de que, não obstante sua importância, a alternativa de a escola ser dirigida por um colegiado de coordenadores era utópica diante das dificuldades políticas e dos interesses dominantes que ela teria que enfrentar para se implantar. Passada porém pouco mais de uma década, não deixa de ser surpreendente a sua razoável aceitação pelas pessoas entrevistadas na pesquisa de campo, quando a proposta lhes era apresentada.

À minha sugestão de uma direção colegiada, a diretora da escola reage positivamente, concordando com a ideia de um colegiado formado por coordenadores. Dou o exemplo do sistema municipal de educação de Aracaju, em que foi adotada uma gestão nesse sentido (e que veremos mais adiante) e Raquel se manifesta favorável à proposta e diz que ela poderia ser implantada.

Após dizer que não concorda com a estrutura atual, e ser posta diante da eventualidade de um conselho diretivo que impediria que o diretor (único) ficasse dependente das medidas da Secretaria da Educação, Márcia, vice-diretora, afirma, inicialmente: "Eu, se fosse um diretor efetivo, eu não ia obedecer muito essas coisas que vêm de cima, porque, logicamente, eu conheço as leis e eu sei o que eu posso e o que eu não posso. [...] Tem muita coisa que não tem sentido que eles mandam fazer." Dá o exemplo do dia do agasalho, que veio como determinação para a escola e que ela acha que tem coisas mais importantes do que isso. Quando explicito mais claramente a composição do eventual colegiado, Márcia diz que é uma boa ideia. "Eu acho que daria certo." Pergunto: Por quê?

> Porque, desde que você teria um colegiado, as três pessoas, como você mesmo falou, para estar decidindo, para estar respeitando aquilo que foi feito, aquele combinado ali, para cuidar daquilo, eu acho que dá certo. Tudo o que você faz com responsabilidade, eu acho que funciona. *Eu acho que não precisa do diretor, não.* (Grifo meu.)

É preciso ressaltar que a proposta de colegiado diretivo ou de direção colegiada que apresentamos não é sinônimo de *gestão* colegiada. Sob esta última rubrica, podem se abrigar várias modalidades de gestão que não implicam necessariamente uma *divisão* da direção. É o caso, por exemplo, da simples divisão de tarefas entre diretor, vice-diretor, coordenador, etc. ou da presença de um conselho de escola deliberativo, como normalmente existe em grande parte dos sistemas de ensino no Brasil. Embora possa também ser considerada uma espécie de gestão colegiada, a direção colegiada tem uma especificidade que é o fato de, no lugar de uma única pessoa, é uma instituição, o conselho diretivo, que se torna a responsável última pela gestão.

Vera Sanches, a coordenadora pedagógica, embora veja com bons olhos a *gestão* colegiada, resiste um pouco à *direção* colegiada conforme proposta, contrapondo o modelo de gestão que ela vivenciou na empresa. Inicialmente considera uma excelente ideia instituir uma direção colegiada. Cita o exemplo do trabalho que, na Escola Estadual Célia Cintra, é feito com as professoras da quarta série, em que há a divisão de funções. Em vez de cada uma dar todo o programa para uma série, as duas professoras dividiram o programa de modo que uma desenvolve uma parte para as duas quartas séries e a outra desenvolve a outra parte para as mesmas classes. "Em vez de uma pessoa sozinha preocupar-se com o global, ela se preocupa com partes. Eu acho excelente." Diz que conhece escolas em que a direção, a vice-direção e a coordenação pedagógica são realizadas em equipe, com divisão de funções e que funcionam "invejosamente bem. Eu tenho inveja dessa estrutura." Diz que concorda com a direção colegiada, mas que é muito difícil, porque as coisas vêm determinadas de cima para baixo, "e você faz tudo a todo tempo, a toda hora, e atropela tudo e, no fim, vira uma confusão. Eu acho horrível." Diz que vem do trabalho em empresa em que a hierarquia e o organograma eram bem distribuídos, e mesmo havendo chefes, esses não interferiam, e a coisa funcionava, havia delegação de funções e responsabilidades. Na verdade, sua concepção de gestão colegiada parece consistir numa estrutura piramidal mas com pessoas que têm competência e obedecem rigorosamente ao modelo "ideal", humanizado e sem autoritarismos. Perguntada se não poderia, nessa estrutura, tirar o chefe e permitir, ou melhor, fazer com que as pessoas trabalhassem cooperativamente, numa forma de conselho em que cada um prestasse contas não para um chefe, mas

entre eles, ela responde: "Eu acharia bacana, Vitor, mas hoje, no Brasil....
— não vou falar nem do Brasil — mas não precisa ter o Lula da vez, por
exemplo? Infelizmente, a gente precisa, né..."

Antônia, auxiliar de professora, também considera boa a ideia de um
colegiado diretivo.

> Eu acho isso bacana, né. Todos trabalhariam juntos. Eu não sei se eu ainda
> estou com uma visão tradicional, que a gente já acostumou a ter um diretor
> na escola, né. Porque o diretor resolve os "abacaxis"... [...] Eu já achava que
> a função do diretor teria que ser essa, trabalhar em conjunto e estar os três
> sempre pensando junto no que pode melhorar, o porquê de estar acontecen-
> do tal problema na escola...

À sugestão de uma direção colegiada, a professora Vanessa, da segunda série, diz que seria uma boa ideia ter um coordenador cuidando
de cada coisa na escola, porque hoje a direção não dá conta. E os professores não são cobrados em seus trabalhos, a não ser por ocasião das
avaliações do Sistema de Avaliação do Rendimento Escolar do Estado de
São Paulo (Saresp). Acha que deveria ter cobrança do trabalho, mas a
partir de uma supervisão direta e pessoal que assessorasse o professor
em suas atividades.

Marilda, professora da quarta série, concorda com a direção colegiada. Evidencia nunca ter pensado nisso, mas concorda. "Eu acho que dá
certo. Porque três cabeças pensam mais do que uma. [...] É. Daria certo,
sim. Eu acredito que sim... Isso desde que, ali, eleito pelos membros daquela comunidade." Já Inês, a secretária, diante da sugestão do colegiado
diretivo, diz que "seria bom", mas não se mostra convencida. Elaine,
professora da primeira série matutina, considera bom o modelo de estrutura atual porque, na escola em que ela está, tudo funciona muito bem,
ela é bem tratada por diretora, coordenadora, vice-diretora, etc. Sobre a
ideia de um colegiado diretivo, Elaine diz: "Eu acho que seria interessante dividir um pouco as tarefas. Acho que seria uma boa."

Andreia relata o caso de uma diretora com a qual trabalhou como vice
que era bastante democrática, compartilhava, de certa forma, a direção

com ela. Em compensação, a seguir, veio outra diretora que agia com autoritarismo. Segundo essa diretora, a hierarquia era ela no topo e os outros abaixo. Corrigindo a fala de alguém que dizia que deveria obedecer primeiro à diretora, depois à vice-diretora, depois à coordenadora, essa diretora retrucou: "Você está errada. Porque você tem que obedecer [só] a mim, eu é que mando." Andreia não concorda com esse pensamento e diz que educação não é isso. "Educação é muito mais do que poder." Sobre uma solução alternativa para o sistema atual, tendo o diretor como responsável último, Andreia diz: "Eu até acho que um diretor para uma escola é pouco." Diz que, quando vice-diretora, já se perguntava por que o diretor tinha que ter toda a responsabilidade. Acha que "teria que dividir com mais alguém".

10. Aracaju: o conselho diretivo como elemento da gestão democrática

A proposta de um conselho diretivo, nos termos aqui apresentados, pode parecer utópica porque rompe com uma tradição de séculos de direção unipessoal da escola. Todavia, desde 2003, já se pode referir a pelo menos um sistema de ensino cuja gestão escolar segue, em certa medida, os princípios da direção colegiada. Trata-se do município de Aracaju que, pela Lei n. 3.075, de 30 de dezembro de 2002 (Aracaju, [2003]), aboliu a figura do diretor em sua rede de ensino e instituiu uma direção colegiada com três coordenadores (geral, administrativo e pedagógico), que compõem a "equipe de coordenação da unidade escolar" (p. 17).

A Lei, em seu Artigo 4º, estabelece que "a escolha dos Coordenadores se dará com a participação da Comunidade Escolar através de eleição por chapas, por voto direto, secreto e facultativo, proibido o voto por representação" (p. 20). Por outro lado, o Artigo 3º diz:

> Serão de competência da Equipe de Coordenação da Unidade Escolar as atividades relativas à organização geral da Escola, no âmbito da gestão de pessoal, organização do espaço físico, instalações e patrimônio, e integração dos segmentos da Unidade Escolar e desta com a comunidade [...]. (p. 17)

Em seguida arrola uma lista de competências da Equipe de Coordenação que, numa direção unipessoal, certamente caberiam ao diretor.

Com isso, percebe-se a intenção de dispor a gestão de tal forma que a equipe de coordenação, e não um dos coordenadores, assuma a função "diretiva" da unidade escolar. Há, todavia, um aspecto da Lei que labora no sentido contrário ao da direção coletiva: trata-se da ocorrência, entre os coordenadores, de um coordenador "geral". Embora as competências "específicas" do coordenador geral sejam apenas três — as quais, a rigor, já constam no rol das muitas competências da equipe de coordenação —, o risco que se corre ao destacar um coordenador com a qualidade de "geral" é que, por força da longa tradição de direção unipessoal, as pessoas sejam levadas a um entendimento de que ao coordenador geral caiba precisamente o papel de diretor.

A primeira versão de minha proposta (Paro, 1995), ao sugerir, à guisa de exemplo, que o colegiado fosse formado por um coordenador geral (além de um pedagógico, um comunitário e um financeiro), poderia dar azo a que se entendesse esse coordenador geral como o "chefe" dos demais ou como substituto do antigo diretor. Em vista disso, na versão atualizada da proposta (Paro, 1999), fiz constar como sugestão um coordenador administrativo (em vez do coordenador geral), mas tendo o cuidado de repetir (como consta na citação feita na seção anterior) que esse coordenador não teria

> o papel que desempenha hoje o diretor, sendo apenas um de seus membros que, com mandato eletivo, assumiria por certo período a presidência desse colegiado, dividindo com seus membros a direção da unidade escolar. Isto implicaria ser o conselho diretivo, e não seu presidente, o responsável último pela escola. (Paro, 1999, p. 213)

Do que se pode deduzir da entrevista feita em Aracaju com a secretária de educação e outros componentes da rede de ensino, parece que o risco dessa identificação do coordenador geral vem-se confirmando na realização prática da proposta. Pode-se perceber isso na apresentação e análise das informações e opiniões dos depoentes, que faremos a seguir.

Sobre a história do desenvolvimento da proposta de gestão democrática no município, diz Maria Alice[7], a secretária de educação:

> Em 1985, a gente teve uma reformulação estatutária. [...] E naquela ocasião já havia uma luta dos professores da rede estadual para a eleição direta para diretores. Então, havia esse anseio, essa luta, na categoria docente de magistério municipal. Mas a correlação de forças políticas [...] colocou o novo governo de transição, de sete meses, democrático, do PMDB, e aí se conseguiu, na reformulação estatutária, instituir a eleição para conselho de professores e para diretores. Em 1986, assumiu o novo governo dessa mesma coligação, eleito, e se instituiu a eleição para diretores. Bom, de lá para cá nós tivemos uma suspensão desse direito em 1997, com o prefeito que pediu inconstitucionalidade desse [direito], e aí ficamos até 2002. Em 2002, o PT tomou o poder e retoma esse processo.

Diz também que, no decorrer de tal processo, o conselho, que era formado só por professores, evoluiu "para conselho escolar, com a participação de funcionários, pais e alunos". Em 2002, mudou a nomenclatura, não havendo mais a figura do diretor como antes. "Então, a gente tem o coordenador geral, o coordenador administrativo e o coordenador pedagógico. Dependendo do número de alunos da escola, você pode ter mais de um coordenador administrativo ou pedagógico."

À pergunta sobre a real assunção da condição de coordenadores, e não de diretores, pelos membros da equipe de coordenação, especialmente pelo coordenador geral, Helena, educadora lotada na Secretaria de Educação, diz que "geralmente, na equipe, tem um que assume realmente as responsabilidades". E isso pode acontecer com qualquer um deles. Helena elogia Cecília, a coordenadora geral de escola presente na entrevista, dizendo que esta, quando vem à secretaria e entra em contato com coisas novas, novas ideias, ela diz que volta à escola e discute com os demais coordenadores, o que nem sempre acontece com outros coordenadores gerais. O que se nota, em acréscimo, é que, mesmo ao dar um exemplo de "verdadeira" coordenação geral, a educadora deixa transpa-

---

7. Os nomes das pessoas entrevistadas são fictícios, para manter o anonimato das fontes.

recer (o que é confirmado por outras falas na mesma entrevista), que quem vai à secretaria é exclusivamente, ou preponderantemente, o coordenador geral, que nesse ato assume a condição de destaque ante os demais.

Helena diz que na concepção inicial e na própria legislação correspondente, a intenção era a de que houvesse uma coordenação colegiada. Mas que há algumas escolas em que isso não acontece. Para Cecília (coordenadora geral), em sua escola isso funciona bem. Em sua unidade são quatro coordenadoras: uma geral, uma administrativa e duas pedagógicas. Além das questões pedagógicas, como a escola é muito grande [1.241 alunos], o serviço também é dividido. Uma coordenadora pedagógica cuida do almoxarifado (entrega e controle do material para o professor) e da merenda. A administrativa faz as vezes da secretária, já que este cargo não existe. A administrativa, portanto, acabou por assumir o lugar do secretário. A outra coordenadora pedagógica acompanha o pedagógico e o atendimento de professores. Existe uma divisão de tarefas, pelas quais cada uma das coordenadoras é responsável. Reuniões periódicas entre as coordenadoras, embora desejável, segundo a coordenadora geral, não são muito frequentes. Mas, diz, as pessoas se conversam no cotidiano da escola.

No entanto, a secretária de educação revela: "A gente também tem casos de coordenadores gerais que mandam na escola mesmo. Eles é que dão o tom, eles é que decidem tudo. É o velho diretor..." Às vezes, acontece também de ser o coordenador administrativo ou pedagógico que assume esse papel.

> Recentemente, a gente teve caso de denúncias graves, que o *diretor* não aparece na escola, que o *diretor* tá suspendendo aluno [...]. Então, eu listei tudo, as denúncias todas, chamei o *diretor* aqui, conversei com ele, que eu estava oficiando ao conselho, tal e tal. Vai haver uma reunião agora do conselho para responder à Secretaria de Educação as denúncias. Então é esse o procedimento que a gente sempre toma. (Grifos meus.)

Observe-se que, mesmo a secretária de educação, que é adepta da ideia do colegiado diretivo, em vez de falar coordenador (geral), fala "diretor".

Segundo a secretária de educação, é frequente também a existência de conflitos entre coordenadores dentro da mesma escola. Isso "acontece mais com o administrativo e o pedagógico. De chegar aqui e nos procurar e dizer que não está suportando, que está carregando a escola nas costas, que o outro não aparece, que o outro não colabora, que o outro só tem o nome de geral."

A fala dos entrevistados às vezes parece indicar que, não obstante a grande importância da mudança de sistema para a equipe coordenadora, a gestão da escola ainda incorpora muito do modo de agir da gestão tradicional. Diz a secretária, por exemplo:

> O coordenador geral lida com a escola como um todo. Se ocupa, na prática, com muitas questões administrativas. O coordenador administrativo muitas vezes funciona como um secretário, e o pedagógico... Na verdade, o que a gente observa em algumas escolas? Uma divisão de turnos. Como de resto [é o que acontece] na escola brasileira. A escola brasileira é uma de manhã, uma de tarde e uma de noite.

Continua a secretária dizendo que, diferentemente do estado, em que o diretor tem uma dedicação exclusiva, na prefeitura, embora os coordenadores tenham oito horas, quase todos eles têm dois vínculos de emprego.

> Esse cumprimento das oito horas é muito complicado. Então, geralmente, você observa as escolas, não são todas, mas uma escola que [...] um deles está de manhã, um deles está de tarde e o outro está de noite. Poucas são as escolas onde há uma coordenação efetivamente entrosada e trabalhe a educação [cooperativamente].

As eleições para coordenadores no sistema de ensino de Aracaju se deram em 2003 e em 2005. Em 2007, ano da coleta dos dados, estava já programada nova eleição para dezembro. As informações da secretária de educação e das demais pessoas presentes na entrevista dão conta de que as eleições são bastante disputadas, havendo, em regra, mais de uma chapa concorrente. O sistema permite uma recondução consecutiva e muito dificilmente há chapa única. Como em 2002 houve concurso para professores, os aprovados não puderam ainda se candidatar porque a lei proíbe que o façam em estágio probatório, que dura três anos. Por isso, o pessoal técnico da Secretaria de Educação acredita que, nas próximas eleições para coordenadores, haverá uma disputa maior do que a dos anos anteriores porque esses professores já poderão também se candidatar. Já se consegue perceber um movimento na rede, nesse sentido.

Mesmo no "período autoritário" (palavras da secretária de educação) de 1997 a 2002, quando foi suspensa a eleição de diretores, o poder não conseguiu muita coisa nas escolas e acabou nomeando pessoas que eram do agrado do pessoal escolar, porque o governo não teve tanta força para nomear só gente que fosse de seu interesse exclusivo.

Tanto a secretária quanto os demais participantes da entrevista disseram ser muito raro o clientelismo nas escolas. Helena acredita que a existência dos coordenadores, algo interno à própria escola, de certa forma, contribuiu para inibir o clientelismo e para levar os pais e demais membros do conselho a se animarem a participar mais, já que a matéria não era política, ou melhor, não era político-partidária.

Um problema com relação aos coordenadores diz respeito a sua formação. A secretária diz que precisaria aperfeiçoar o sistema porque aparece "diretor" que não consegue sequer fazer uma carta. Mas reconhece que isso é um problema de formação, não de eleição. E o problema já vem da própria formação do professor que precisa ser melhorada. Enfatiza a importância da formação continuada para os novos coordenadores.

Segundo a secretária de educação, recentemente foram extintas as equipes pedagógicas nas escolas, "aquele pessoal de Pedagogia que tem o orientador, o supervisor, essas coisas". Assim, o plano de carreira, que é de 2002, extingue esses cargos e estabelece o "suporte pedagógico". "Pressupõe-se o seguinte: qualquer professor pode desenvolver um projeto pedagógico de escola, apresentar esse projeto ao conselho e aí ele passa a ser suporte pedagógico, sendo um ano de mandato, com recondução de mais um ano." Esse professor passa a ser um orientador pedagógico da escola, a partir do seu projeto pedagógico. Isso não é instituído regularmente, depende do interesse de cada professor em cada escola. O projeto do professor interessado (que não é um simples projeto de sua disciplina, mas refere-e a toda a escola) é submetido ao conselho escolar e à Secretaria de Educação; sendo aprovado, ele passa a constituir-se no suporte pedagógico da escola. Pode haver mais de um suporte pedagógico de acordo com o tamanho da unidade escolar. Não há diferencial de salário, nem de carga horária. A única diferença é que o professor sai da sala de aula. O problema que está ocorrendo, segundo a secretária de educação, é que esses candidatos não têm apresentado trabalhos consistentes. "A gente tem inclusive, aqui, não aprovado porque não é um projeto de escola." Diz que pretende, agora, fazer uma capacitação de pré-candidatos para ver se melhora o nível dessas propostas. Esse coordenador que apresenta o projeto de suporte pedagógico (se aprovado) exerce suas funções no seu turno, sob a supervisão do coordenador pedagógico da escola (aquele que faz parte do conselho diretivo).

Uma maneira de elevar a qualidade dos professores é a realização do estágio probatório. Segundo o estatuto do magistério, os três primeiros anos de trabalho do professor são um estágio probatório. Foi formada uma comissão para definir os critérios de avaliação desses estágios. Essa comissão, do mesmo modo que a comissão que organiza as eleições de coordenadores e a eleição de conselho, é paritária, com representação da categoria do magistério, do sindicato e da Secretaria de Educação. Ela estabeleceu que a avaliação do estágio probatório seria feita em duas instâncias: a equipe de coordenação e o conselho de escola. Então, diz Helena,

> isso foi muito positivo, porque aí a gente observou que o próprio conselho começou a se preocupar mais com esse acompanhamento da prática do professor, porque ele teria que avaliar, ele teria que conhecer um pouco como é que as pessoas estavam se desempenhando.

A secretária municipal de educação se reporta também à importância que representou a experiência de democratizar a escolha do dirigente escolar, dando oportunidade a que mais professores experimentassem a condição de membro da equipe de coordenação:

Como é importante, na maioria dos casos, a gente observa, o sujeito ter passado de professor a coordenador. Como ele adquire, ele deixa aquela visão estanque e isolada de sala de aula e ele passa a ter uma visão mais ampla de escola, ele passa a ter uma visão mais ampla de gestão pública, até do sistema. Quando ele está só na sala de aula, ali, ele não tem essa visão. E como a nossa escola, a escola brasileira, é compartimentada por turno, e às vezes, no mesmo turno ela é compartimentada ainda mais, aí você não tem essa visão. [...] Ele muda. Muitos mudam inclusive o comportamento de professor. A gente tem também os casos em que o cara como professor é uma droga, mas o cara se revela como *diretor*. (Grifo meu.)

Diz também que às vezes acontece o contrário, que tem uma amiga que era boa professora e detestou ser diretora. Sorte dela (e da escola), porque não foi escolhida por concurso, porque então sua permanência no cargo poderia ser muito maior.

Um aspecto de extrema relevância no sistema de gestão escolar no município de Aracaju é que, além da existência de um conselho diretivo que, apesar de suas dificuldades, constitui uma experiência ousada de democratização da gestão escolar, há também um forte investimento das autoridades e dos trabalhadores escolares na participação democrática do conselho de escola na gestão.

Helena acredita que o que faz o sucesso do sistema de equipe de coordenadores é a ação contínua e qualificada do conselho de escola. Diz que, como um dos requisitos para a candidatura é o plano de gestão, esse plano é discutido pelo conselho que está sempre avaliando sua execução. Os coordenadores (que também fazem parte do programa de formação continuada) também têm que apresentar um relatório sobre o andamento do plano de gestão.

Perguntada sobre quem é o responsável último pela escola, ou seja, quem é chamado a responder pela escola em caso de problemas que aí ocorrem, a secretária de educação diz que quando, por exemplo, alguém vai à Secretaria de Educação e faz uma reclamação sobre algo de errado ocorrido na escola (faltas de professor, por exemplo), a Secretaria emite um ofício endereçado ao conselho escolar. Isso é a praxe. Às vezes é o coordenador geral que é chamado. A secretária diz que a praxe é encaminhar tudo para o conselho. Quando qualquer vereador, por exemplo, se encaminha para a Secretaria de Educação para solicitar o uso de uma escola para algum evento ou festividade, é encaminhado um ofício para a escola, ou seja, para o conselho de escola, para que este se pronuncie. O presidente do conselho é eleito entre os pares. Qualquer membro do conselho maior de idade pode ser presidente. Na escola de Cecília, coordenadora geral, o primeiro presidente foi o vigia.

À indagação sobre como foi esse fortalecimento do conselho escolar, se isso só aconteceu a partir de 2002, Maria Alice responde que isso foi um "processo de construção". Paulo e Helena, da equipe supervisora da Secretaria de Educação, dizem que foi também um processo de conscientização, porque houve inclusive uma "capacitação" dos conselhos. Helena diz: "Os conselhos, após as eleições, são capacitados por segmento, pais, alunos, etc. [recebem uma capacitação a respeito de suas funções, etc.]." A secretária de educação afirma:

> Outra coisa que a gente faz, quer dizer, a gente valoriza muito o conselho escolar. Por exemplo, esse ano, a gente estava sentindo a coisa meio frágil e a gente resolveu fazer uma divulgação bem mais ampla do que o que vinha sendo feito até agora. A gente fez cartaz das eleições e colocou em bodega, em barzinho, em padaria, em tudo na comunidade, chamando mesmo o sujeito para participar. De modo que a gente teve uma participação total [aparte de Paulo: 99 por cento...]. E a gente, assim que esse pessoal se elege, a gente promove assim um grande evento, nós tivemos quase duas mil pessoas (foram 1.088 conselheiros eleitos!); e a gente promove um evento mesmo, com baile, com festa, com fala de prefeito, com minha fala, sempre enaltecendo a importância deles. Então a posse deles é um grande evento. A gente faz também um evento muito importante de posse dos diretores (sic), mas o evento do conselho é muito mais significativo. A gente capricha mais, inclusive. Exatamente para "ganhar" o pai, estimular e tê-lo, colocar a importância do gerenciamento da escola com a participação deles.

Helena, educadora da equipe supervisora da Secretaria de Educação, intervém para dizer:

Depois, eles, com o direito de levarem convidados, então eles se sentem realmente muito prestigiados. E teve um movimento, esse depoimento das coordenações, assim, de quanto eles se sentem responsáveis nesse processo tendo em vista serem considerados agora autoridades *mesmo* na escola. Então o momento da posse é muito significativo. E nós já tínhamos alguns depoimentos após a posse. Os coordenadores colocaram para a gente que, a partir daí, foi muito mais fácil, desde o momento que tem a coisa pública, depois, a participação nas reuniões, eles se motivam muito quando são chamados.

Diz que são previstas reuniões a cada dois meses, mas que muitas escolas têm reuniões mensais e às vezes até em intervalo mais curto quando surge a necessidade de uma extraordinária.

Segundo a apreciação de Maria Alice, secretária municipal de educação, uma função bastante desejável do conselho escolar é a discussão e posicionamento diante das questões pedagógicas. Diz ela: "A gente observa que os conselhos não têm se dedicado à questão da aprendizagem. [...] E a gente vem tentando modificar essa prática do conselho para as questões pedagógicas mesmo, para a questão da aprendizagem do aluno, a orientação pedagógica da escola." Todavia, mesmo não se envolvendo diretamente com as questões de ensino, observa-se que o conselho escolar já exerce atividades de fiscalização e avaliação do trabalho desenvolvido na escola, contribuindo indiretamente para a qualidade da educação. Cecília, coordenadora geral de escola, conta o caso de uma professora (com 20 anos de magistério) que sempre chegava atrasada, que não passava atividades para os alunos, falava muito alto com as crianças. E os pais começaram a fazer reclamações e, numa reunião do conselho, exigiram que essa professora ou melhorasse ou saísse da escola. A professora foi chamada ao conselho e "mudou da água para o vinho". Desde então passou a ser pontualíssima, a passar todas as atividades e a ser uma professora excepcional. Provavelmente essa professora percebeu que era mais necessária do que ela imaginava. Mas foi a ação firme do conselho de escola que a fez assumir uma postura positiva. Helena fala de outro exemplo em que o conselho deu toda oportunidade para o professor se justificar, mas nada adiantou e o conselho conseguiu que o professor saísse da escola.

Como podemos perceber, a experiência de Aracaju, embora não rompa totalmente com o modelo tradicional, pode ser considerada uma importante promessa nesse sentido, acenando com indicações fecundas para novas alternativas em administração escolar. A boa escola requer alguma forma de direção coletiva que seja de acordo com seus objetivos democráticos e que favoreça a realização plena destes. Como no caso da rede municipal de Aracaju, a medida não surge do nada, mas é o resultado de um consistente processo de democratização da escola que envolve principalmente a vontade dos educadores escolares. Conforme o relato dos depoentes, a movimentação política na escola, no sindicato e na comunidade foi bastante intensa durante muito tempo antes de se conseguir a implantação da medida, com a conquista dos conselhos escolares deliberativos, da escolha democrática de dirigentes escolares e da participação cada vez mais presente da comunidade nos assuntos escolares. Tudo isso envolveu avanços e recuos, no decorrer do tempo e de acordo com os ocupantes do poder político na prefeitura, mas um dos aspectos mais importantes de tal experiência parece ser o fato de ter conseguido sensibilizar a sociedade e as autoridades políticas para uma proposta que não faz parte da ortodoxia tradicional em termos de organização da escola, mas que evidencia como a vontade política pode encontrar novas formas de fazer uma escola melhor.

Capítulo 3

A Estrutura da Escola Fundamental e a Didática

Os assuntos que chamam a atenção das políticas públicas relacionados ao ensino fundamental no Brasil, hoje, se referem a questões como a expansão do atendimento, as condições de trabalho na unidade escolar, a qualidade do pessoal docente e sua formação, o provimento de material escolar, a autonomia administrativa e pedagógica da escola, a avaliação do desempenho de alunos e professores, o montante de gastos despendidos ou necessários para o ensino, a participação da comunidade na escola, e outros temas correlatos. Um ponto, cuja presença parece extremamente tímida, quando não totalmente ausente, é o questionamento da maneira de ensinar adotada pelas escolas. Tanto da parte de quem implementa essas políticas, a partir do poder do Estado, quanto da de quem critica as políticas implementadas, como os trabalhadores da educação e os intelectuais e acadêmicos em geral, dificilmente se vê referência à questão didático-metodológica. Mesmo quando se faz a crítica à baixa qualidade do ensino, esta acaba sendo imputada a fatores como a má formação do professor, ou o seu baixo salário ou ainda as características da "clientela", cujas dificuldades, enfim, devem merecer cuidados especiais, mas sem mudar de método; apenas adequando-o às novas características do alunado.

Certamente há exceções e, esporadicamente, se verificam vozes discordantes, advindas especialmente de profissionais envolvidos com a Didática e outras disciplinas que oferecem subsídios teóricos e práticos à Pedagogia, como a Psicologia da Educação, a Filosofia e a História da Educação, a Antropologia, etc. Todavia, apesar dessas vozes, a maneira tradicional de ensinar mantém sua presença predominante nas redes escolares.

Na verdade, o que se verifica, salvo raríssimas exceções, é uma notável ignorância dos assuntos relacionados ao ofício de ensinar por parte dos tomadores de decisões e administradores educacionais tanto em âmbito federal quanto em âmbito estadual e municipal. Desprovidos de qualquer conhecimento técnico-científico a respeito da prática pedagógica, economistas, empresários, administradores de empresas, publicitários, matemáticos, estatísticos, etc. passam a ocupar cargos de chefia e comando no âmbito do Ministério e das Secretarias de Educação, assim como nos órgãos e institutos a eles vinculados, agindo como se bastassem os conhecimentos referentes a seu restrito âmbito profissional, para tomar decisões, dar andamento a programas e políticas da educação e determinar o próprio rumo da educação escolar no âmbito de sua jurisdição. O fato irônico é que mesmo entre os que criticam as medidas vigentes, são muito frequentes ponderações e projetos feitos a partir de um ponto de vista que ignora completamente a Didática. E isso se dá mesmo entre acadêmicos especialistas em políticas educacionais, em avaliação educacional, em financiamento da educação, etc.

Se a Didática é entendida como o conjunto de conhecimentos, princípios, técnicas e procedimentos que orientam a prática educativa, sendo portanto mediação para o alcance dos fins educacionais, então, a permanência contínua de certa didática tradicional no sistema de ensino deve necessariamente estar articulada com a permanência também daquilo que se entende por educação. Isso nos leva à constatação de que é, antes de tudo, a educação que continua a ser entendida de maneira pouco crítica. Como vimos no capítulo 1, a concepção de educação como simples transmissão de conhecimentos e informações, em que o educando não se faz sujeito, é a que acaba por determinar a própria estrutura da educação básica no Brasil, incluindo aí os preceitos e procedimentos didáticos. A educação, assim, talvez seja a única área do pensamento humano em que, apesar dos inquestionáveis avanços técnicos e científicos ocorridos, especialmente no último século, ainda prepondera o mais rasteiro senso comum, no encaminhamento de soluções para seus problemas práticos.

Ao contrapor a essa concepção de educação um conceito que a entende como apropriação da cultura historicamente produzida com a finalidade de formar personalidades humano-históricas, estou, em decorrência, preocupado com a educação como prática democrática. O estudo das possibilidades de uma estrutura da escola compatível com essa prática não pode, portanto, menosprezar a importância em compreender a estrutura didática da escola, já que é a didática que efetua a mediação prática para a realização da educação.

Sem pretender esgotar o assunto, este capítulo trata de alguns temas que relacionam as questões didáticas com os fins da educação e a estrutura da escola fundamental.

1. O esteio da Didática: querer aprender

No capítulo 1, vimos que a marca característica do homem como ser histórico é sua condição de sujeito, ou seja, de autor, detentor de vontade (derivada de valores por ele criados) e produtor de sua própria materialidade pelo trabalho. Vimos também que, entendida a educação como apropriação da cultura, visando à formação de personalidades humano-históricas, o processo pedagógico só se realiza plenamente se o educando detiver a condição de sujeito. Isso significa que a aprendizagem depende da vontade do educando, o que nos remete à constatação aparentemente banal de que "o educando só aprende se quiser".

Esta afirmação tão simples e tão evidente encerra o próprio fundamento da boa Didática. É dessa constatação que deve partir todo esforço de mediação para realização do aprendizado, porque educar, em última instância, é propiciar condições para que o educando *queira educar-se*.

> [...] Só o indivíduo educa a si próprio [Anísio Teixeira, Claparède]. A escola e o professor facilitam os meios, a educação é, porém, obra do próprio educando. A verdade da afirmativa percebe-se melhor quando se verifica que *só se aprende aquilo que se deseja aprender*, aquilo que é reclamado por interesse vital [...]. (Leão, 1953, p. 208; grifos meus.)

Todavia, o que vemos, em geral, em nossas escolas é a completa negação desse princípio. Por mais evidente que ele possa parecer, ainda há a expectativa generalizada de que o educando já venha (ou pelo menos deva vir) à escola com o desejo de aprender. O que se dá, na verdade, é que o modo de ensinar tradicional, porque ignora a condição de sujeito do educando, julga poder preocupar-se apenas com o conhecimento da matéria. Desse ponto de vista, o bom educador é aquele que domina a matéria e busca organizar seu conteúdo da forma mais apetecível possível, supondo que o educando já está disposto a aprender, bastando portanto expor e explicar o que se pretende que ele adquira. Se esse desejo de aprender é algo inato na criança, é uma questão que tende ainda a provocar muita polêmica entre os educadores. E a indefinição de sua resposta tem alimentado preconceitos e predisposições que se mostram maléficos ao ensino. É comum ouvir-se dos professores que uns alunos nasceram com vontade de aprender e outros não. E que com estes últimos não há o que se possa fazer para adquirirem o gosto pelo saber. Assume-se, assim, que o desejo pelo saber não apenas é inato como também é impossível de ser adquirido. Observe-se, de passagem, que essa posição invalida a própria razão de ser da Didática se entendermos como propósito essencial desta propiciar condições para que o educando queira aprender.

Mas, querer aprender não é algo que nasce com o indivíduo, e, sim, um valor cultural que precisa ser construído. A questão tem a ver, na verdade, com o que comumente chamamos de motivação. Comenius, ao dizer que "é imprescindível despertar nas crianças o amor pelo saber e pelo aprender" (Comenius, 2002, p. 168), acertava com relação à importância do desejo de aprender, mas errava ao acreditar que isso seja algo que se possa "despertar". A palavra "motivação" vem de "motivo". "Motivo", segundo John Dewey, "é o nome que recebe o *fim*, quando o consideramos em vista da influência que ele tem sobre a nossa ação, do seu poder de nos *mover*" (1967, p. 93; grifos no original). É no motivo, pois, que precisamos buscar a motivação. Por isso, não se *desperta* a motivação, nem se *oferece* motivação exterior ao motivo da atividade. Não se trata de buscar motivos "*para o estudo* ou lições", mas de buscá-los "*nos estudos* ou lições", como nos afirma o mesmo Dewey (1967, p. 94).

Levar o aluno a querer aprender exige, para além do conhecimento da "matéria" ensinada, o conhecimento do próprio educando. Segundo o grande educador M. B. Lourenço Filho, "não se educa a alguém senão na medida em que se conheça esse alguém" (LOURENÇO FILHO, 2002, p. 82). O mesmo autor tem uma forma bem ilustrativa de enfatizar a necessidade de conhecimento do educando por parte de quem educa, fazendo uma analogia da atividade educativa com a atividade médica. Diz ele que,

> como na arte médica se faz necessário conhecer o doente, assim também na arte educativa será preciso conhecer o educando. A substituição dos princípios empíricos da escola tradicional, por outros de base técnica, deveria começar por aí. Num caso como noutro, a técnica cooperativa não exclui o conhecimento da natureza do ser, expressa em elementos e funções, ou o das relações entre dadas situações e seus resultados prováveis. Não basta ao médico o desejo de curar para que a cura se dê. Será preciso que conheça o organismo humano, a ação dos regimes e o efeito das substâncias terapêuticas; que saiba diagnosticar, encaminhar o tratamento, apreciar-lhe os resultados progressivos, prever complicações e consequências da própria ação cooperativa que proporcione. É isso, afinal, que o distingue do curandeiro ou charlatão. (LOURENÇO FILHO, 2002, p. 82) [1]

Lourenço Filho completa seu pensamento dizendo que o educador está no mesmo caso do médico, e que "não será eficiente o trabalho do mestre se ele não tiver uma visão clara dos recursos do educando, a fim de que, em cada caso, possa proporcionar as situações mais desejáveis, ou indicadas à consecução dos propósitos que possa ter em vista" (LOURENÇO FILHO, 2002, p. 82).

---

1. Pena que na educação ainda não se adquiriu a consciência da importância de identificar e combater os charlatães.

Se sabemos que o aprendizado depende da vontade do educando, é preciso saber como se constitui essa vontade. Daí a importância de procedimentos e métodos de ensino que levem em conta o desenvolvimento biopsíquico e social do ser humano, desde o momento em que nasce até pelo menos a entrada na adolescência. Nesse período, em grande parte abrangido pelo ensino fundamental, se dá o mais importante da formação da personalidade humana. A Psicologia da Educação identifica fases ou estádios de desenvolvimento, evidenciando que, nas diferentes idades, a criança ou o jovem pensa, sente, interpreta, valora, julga de formas diferentes, de acordo com seu desenvolvimento biológico, psíquico e social. No dizer de Janusz Korczak (1997, p. 106), "a maioria dos erros que cometemos nos nossos julgamentos sobre as crianças acontecem porque emprestamos nossos pensamentos e sentimentos às palavras que elas nos tomam emprestado e que muitas vezes têm elas uma significação diferente da nossa".

Mencionei no capítulo 1 que, em pleno século XXI, a escola ainda trata a criança como se fosse um pequeno adulto. Haja vista que uma aula no início do ensino fundamental tem, em geral, os mesmos elementos didáticos de uma aula no curso de pós-graduação: um mestre explicando determinada matéria para uma turma de alunos que o escuta passivamente. Acontece que o professor "explicador" (Rancière, 2004) pode funcionar bem para um adulto, que já tem sua personalidade formada, mas não para uma criança. O fato de uma criança de cinco ou seis anos saber expressar-se fluentemente diante de determinada situação leva o adulto desprovido de conhecimentos sobre o desenvolvimento psíquico a acreditar que ela também pensa como um adulto. Isso é lamentavelmente enganoso para o senso comum, que não estudou Pedagogia ou Psicologia da Educação, mas não deveria ser admitido pelo menos para os responsáveis pela educação escolar. No entanto, é muito comum exigir-se dos alunos do ensino fundamental pré-requisitos para o aprendizado, como a atenção em aula, o interesse no estudo, etc. cuja obrigação é da escola desenvolver. Izabel Galvão é bastante clara sobre o assunto quando ressalta que,

> ao cobrar dos alunos uma atenção suficientemente madura para a aprendizagem, a cultura escolar incorre na *contradição de tratar a atenção como um*

pré-requisito para a aprendizagem, quando, na verdade, ela é também produto desta. Dos pontos de vista psicológico e neurológico, a atenção é uma conduta voluntária e, enquanto tal, depende do desenvolvimento cortical, onde se localizam os últimos centros nervosos a se constituírem. *O córtex cerebral não amadurece apenas por ação biológica — isto é, espontânea. Seu desenvolvimento depende da ação da cultura.* Assim, quanto mais conhecimentos e conceitos são adquiridos pelo aluno, maiores são suas possibilidades de controlar impulsos e, por conseguinte, ter atenção. O desenvolvimento dessa habilidade é, portanto, coetâneo da aprendizagem. (GALVÃO, 2004, p. 198; grifos meus.)

Nessa mesma direção, vai o pensamento de David Wood, que, ao comentar a suposta deficiência de se concentrar e prestar atenção por parte dos educandos, afirma:

[...] *a capacidade de prestar atenção e se concentrar não é simplesmente algo natural que as crianças "possuem" em maior ou menor grau.* Quando examinamos o que estava envolvido no desenvolvimento do poder de concentração, por exemplo, descobrimos que ele está ligado a uma série de processos de autorregulação, dos quais alguns aspectos precisam ser aprendidos. Além disso, o que pode ser percebido e memorizado depende do entendimento conceitual existente e de conhecimentos específicos que o aprendiz possua com relação à tarefa. Quando o hiato entre o nível atual de entendimento da criança e o que é exigido pela tarefa que estiver sendo ensinada for muito grande, não poderemos esperar que essa criança se concentre no que é dito ou feito. [...] (WOOD, 2003, p. 269; grifos meus.)

Um dos aspectos que revelam mais conspicuamente a incapacidade de nossa escola tradicional respeitar a criança como sujeito é sua incapacidade de incluir o brinquedo na atividade educativa. Já discuti esse tema antes (PARO, 2001b, p. 123-126), ao apresentar dados de pesquisa que evidenciavam a conduta da professora do primeiro ano do ensino fundamental, ao receber seus alunos no primeiro dia de aula com o alerta: "Vocês não estão mais na Emei onde vocês só brincavam, brincavam. Agora o estudo deve ser levado a sério." (p. 125) A impressão que se tem é de que os professores e os educadores escolares em geral estão tão sintonizados com a velha pedagogia, em que brincar ou sentir prazer ao aprender era proibido, que sequer se dão conta de que ensinar crianças brincando não apenas é possível como é, antes de tudo, necessário.

> Preservar e nutrir a capacidade das crianças de brincar é fundamental para todos os aspectos de seu desenvolvimento mental, social e emocional. *Brincar é um componente fundamental de uma infância sadia* e está inextricavelmente ligado à criatividade. A habilidade de brincar está no centro da nossa capacidade de nos arriscar, de experimentar, de pensar criticamente, de agir em vez de reagir, de nos diferenciar do nosso ambiente e de tornar a vida significativa. (LINN, 2006, p. 89)

Pois é precisamente isso que os professores, ao dizerem que na escola não é lugar de brincar, querem suprimir nas crianças: aquilo que faz suas vidas significativas. O grande educador Célestin Freinet reiteradas vezes enfatizou a importância do brincar na vida das crianças. Em sua obra *Educação do trabalho*, ele fala pela voz de Mathieu, quando esse personagem chama a atenção do casal de professores com quem dialoga, afirmando:

> Um dia, conversei com um de seus predecessores, que me disse: "O jogo e o brinquedo são uma preparação para a vida, uma espécie de aprendizagem inconsciente." Parece-me meio forçado. Esta explicação decorre da necessidade maníaca nos homens de fornecer uma razão, boa ou má, a todos os nossos atos. Meu Deus, *brincar faz parte da vida da criança como dormir, beber, expressar-se, amar*. (FREINET, 1998, p. 179; grifos meus.)

Essa escola insiste em ignorar a necessidade de o ensino ser intrinsecamente desejável pelo educando. Por isso, o aluno resiste a um processo desinteressante, que lhe nega tudo aquilo que o estimule e lhe dê prazer, e que o toma como se fosse mero mecanismo que processa informações sem exercitar sua condição de sujeito. Assim, temos a situação em que o método tradicional adotado por nossa escola busca motivações extrínsecas ao próprio processo pedagógico, fundamentadas no prêmio (a aprovação ou o diploma) e no castigo (a reprovação). Diante disso, o aluno se mostra suficientemente sagaz para criar formas de estudar, ou de fingir que estuda, não para aprender (como ele faria se fosse de seu interesse), mas para livrar-se do estudo. Com isso, a vida escolar tem sido uma experiência penosa, em que o estudante prefere buscar o prêmio e evitar o castigo, mesmo com prejuízo do aprendizado, pois o apren-der-sem-prazer que a escola, secularmente, tem oferecido já é, por si, um castigo que aluno nenhum merece.

Essa sagacidade do educando já era referida em 1913 pelo grande educador John Dewey, certamente o autor que mais insistiu na importância do interesse da criança e da necessidade de levá-lo em conta no processo educativo. Diz ele:

> A capacidade espontânea da criança, a solicitação dos seus próprios impulsos que se querem realizar e concretizar, não podem ser suprimidas. Se as condições externas são tais que a criança não pode pôr *toda* a sua atividade no trabalho que tem de realizar, então, aprende, de um modo quase miraculoso, a fornecer a esse material escolar a quantidade exata de atenção necessária para satisfazer as exigências do professor, reservando o restante de sua energia mental para seguir as linhas de interesse que realmente a absorvem. Não negamos que haja certa educação nessa formação de hábitos externos de atenção, mas afirmamos que, ao lado dessa educação, há uma questão moral importante que é a formação de hábitos de dissipação intelectual. (DEWEY, 1967, p. 66-67; grifo no original.)

Mais adiante, na mesma obra, Dewey parece estar-se referindo a nossa escola de hoje:

> Se pudéssemos ou quiséssemos examinar as condições em que sai da escola a maioria dos alunos, acharíamos tão grande essa divisão da atenção e a consequente desintegração mental e moral, que seríamos, talvez, *levados a deixar de ensinar de puro desgosto*. De qualquer modo não podemos deixar de reconhecer que esse é o estado de coisas existente. É ele o resultado inevitável das condições escolares que descrevemos, as quais conseguem tão somente a *simulação da atenção, mas nunca a sua verdadeira essência*. (DEWEY, 1967, p. 67; grifos meus.)

Mas a razão por que os professores utilizam os métodos ultrapassados não é a inexistência de novos. A Didática dispõe de mil maneiras de ensinar brincando. Minha hipótese é que não utilizam nem vão à procura dos métodos novos, que levam em conta a subjetividade do educando, porque trabalham numa escola estruturada por uma visão tradicional de educação que não reconhece o educando como sujeito. Esses professores, quando crianças, tiveram suas personalidades formadas por essa mesma escola. Ouso dizer que seu modo de ensinar não consiste sequer numa aplicação do que lhe foi ensinado nos cursos de formação docente, mas sim na concretização dos mesmos princípios e ideais da escola que frequentaram quando crianças e que agora eles reproduzem para seus alunos.

2. O temor à Didática

Em outro trabalho (Paro, 2001a), fiz referência a certa resistência em abordar a prática pedagógica escolar por parte de muitos estudos sobre políticas públicas em educação. Corolário dessa questão é a relutância que parece haver em trabalhos acadêmicos que tratam de políticas educacionais em discutir a questão metodológica do ensino. Mesmo em escritos de muito boa qualidade, percebo a ausência de discussão desse componente. Para mencionar apenas uma área de estudos como exemplo, não é difícil encontrar contribuições teóricas sobre educação e trabalho, que deixam de referir-se à questão didática, como se ela não fosse essencial para compreender a escola e o trabalho como princípio educativo. A esse respeito, constata-se às vezes uma precedência do trabalho sobre a educação que absolutamente não se confirma a partir de uma reflexão mais rigorosa.

Sem o trabalho, não existe o homem em seu sentido histórico, pois que é *por meio* do trabalho que ele produz sua materialidade e sua cultura. Mas, *em igual medida*, também sem educação não existe homem histórico, visto ser por intermédio dela que o homem se apropria da cultura, diferenciando-se da natureza. Assim, *da mesma forma* que o homem não existe sem o trabalho (sem ele o homem é mera necessidade natural), ele também não existe sem a educação (sem ela ele continua como nasce: natureza pura). Em termos cronológicos e pensando individualmente, a precedência é da educação porque esta se inicia desde o nascimento e só depois vem o trabalho, que exige um mínimo de apropriação da cultura para ser desenvolvido. Mas em termos lógicos, não parece justo falar em precedência de um ou de outro desses conceitos.

Por isso, quando fazemos uso do imprescindível contributo teórico de Karl Marx para refletir sobre a educação, precisamos evitar o sério equívoco de, a pretexto de enfatizar o trabalho como categoria central de análise, minimizarmos a importância do método pedagógico, chamando de "psicologizante" tudo o que se refere à subjetividade humana. Para Marx, o trabalho é categoria central como *mediação*, não como fim em si mesmo. O fim é o homem histórico. Este se "humaniza" pelo trabalho, mas antes (um "antes" lógico, não meramente cronológico) de qualquer trabalho, há sempre um fim como pressuposto a ser atingido. E esse fim deriva necessariamente de um valor, ou seja, de uma expressão da vontade do homem, aquilo que o identifica como sujeito, ou seja, como produtor da história.

Gaudêncio Frigotto, um dos teóricos mais competentes no tratamento desse tema, diz:

> Da leitura que faço do *trabalho como princípio educativo* em Marx, ele *não está ligado diretamente a método pedagógico nem à escola*, mas a um processo de socialização e de internalização de caráter e personalidade solidários, fundamental no processo de *superação* do sistema do capital e da ideologia das sociedades de classe que cindem o gênero humano. Não se trata de uma solidariedade *psicologizante ou moralizante*. Ao contrário, ela se fundamenta no fato de que todo ser humano, como ser da natureza, tem o imperativo de, pelo trabalho, buscar os meios de sua reprodução — primeiramente biológica, e na base desse imperativo da necessidade criar e dilatar o mundo efetivamente livre. Socializar ou educar-se (sic) de que o trabalho que produz valores de uso é tarefa de todos, é uma perspectiva constituinte da sociedade sem classes. (FRIGOTTO, 2009, p. 189; grifos meus.)

Esse trecho de Frigotto é, certamente, irrepreensível, especialmente do ponto de vista da análise do trabalho em Marx. Todavia, o destaque dado ao trabalho — que "não está ligado diretamente a método pedagógico nem à escola" — pode levar a interpretações que estabelecem uma oposição recíproca entre o "trabalho" (como princípio educativo) e o "método pedagógico", o que em absoluto nada indica ser a intenção do autor, especialmente num texto, e num momento do texto, em que ele está precisamente criticando as antinomias e chamando a atenção para as contradições.

Entretanto, a suposta antinomia entre trabalho e método pedagógico pode ser verificada em muitos estudos que se valem do conceito marxista de trabalho — muito mais pela omissão do componente metodológico do que da explícita oposição deste ao trabalho. Consiste ela na ênfase (ou exclusivismo), imputada ao trabalho como categoria central de análise, em detrimento da maneira (ou do *método*) que ele *requer* quando se faz princípio educativo. Em certo sentido, pode-se concordar que, com relação ao princípio educativo, Marx não o ligava *diretamente* "a método pedagógico nem à escola"; mas apenas se nos atermos à letra e não ao espírito de seus escritos. Isto é, embora Marx não tenha dito explicitamente (pelo menos no que eu me recorde da leitura de suas obras) que o trabalho como princípio educativo está *diretamente* (necessariamente) ligado a método pedagógico, isso pode (e deve), com toda segurança, ser deduzido de sua concepção de homem e de trabalho. No que diz respeito à concepção de homem, ao considerar que este é um ser histórico e essa condição lhe é dada pelo trabalho, Marx deixa bem clara a condição de *sujeito* do ser humano, ou seja, de autor: de alguém que, por uma postura de não indiferença com relação ao mundo, cria um valor (Ética) que lhe possibilita estabelecer um objetivo que ele procura alcançar pelo trabalho. Daí o conceito marxiano de trabalho: "atividade orientada a um fim" (MARX, 1983, p. 150, v. 1, t. 1). Se assim é, a própria educação deve ser entendida como trabalho, uma vez que supõe uma atividade e um fim a ser perseguido. O processo pedagógico (processo de trabalho), como constituição do humano-histórico, não aceita qualquer método, mas apenas aqueles que seguem o princípio de autoria, de condição de sujeito do educando. Então, embora Marx não falasse explicitamente sobre o método — até porque ele não era pedagogo —, sua concepção do trabalho como princípio educativo está, sim, ligada diretamente ao método pedagógico e à escola. E isso se torna de grande importância quando sabemos que a escola e o ensino têm tradicionalmente desconsiderado a ligação entre método e conteúdo.

A propósito, pode-se considerar a reflexão feita por Rodolfo Mondolfo a respeito da relação do pensamento de Karl Marx com a pedagogia ativista, a partir da terceira tese contra Feuerbach. Diz essa tese:

> A doutrina materialista sobre a mudança das contingências e da educação se esquece de que tais contingências são mudadas pelos homens e que o próprio educador deve ser educado. Deve por isso separar a sociedade em duas partes — uma das quais é colocada acima da outra.
>
> A coincidência da alteração das contingências com a atividade humana e a mudança de si próprio só pode ser captada e entendida racionalmente como *práxis revolucionária*. (MARX, 1974, p. 57; 3ª tese)

A respeito dessa tese, afirma Rodolfo Mondolfo:

> É evidente que há aqui um conceito ativista do processo educativo no qual o homem é sujeito operante ao mesmo tempo que é objeto da operação; ainda mais, pode ser este segundo termo somente enquanto seja também o primeiro, já que Marx considera absurdo distinguirem-se como seres separados os educadores e os educandos. A doutrina materialista diz justamente [...] "termina necessariamente dividindo a sociedade em duas partes, uma das quais se concebe como situada por cima da outra", precisamente porque essa doutrina não percebe a unidade e a identidade entre o sujeito e o objeto do processo educativo: não vê que esse processo se realiza como *práxis* que se volta sobre si mesma, isto é, como progressiva transformação do sujeito humano. (MONDOLFO, 1967, p. 57)

Em seguida, Mondolfo se reporta a Dewey para postular que componentes da pedagogia de Dewey já estavam supostos na obra de Marx:

> Não podemos, portanto, falar de "*nova* perspectiva conforme a qual se considera o homem como componente ativo e responsável de uma comunidade", quando vemos que Dewey afirma, como exigência deontológica da democracia, essa reciprocidade entre a atividade dos sujeitos humanos

e sua elevação espiritual, entre sua liberdade e sua responsabilidade, que Marx já havia reconhecido como a própria essência de todo o processo histórico da educação, sem a qual este seria incompreensível e irrealizável. Todavia, nem por isso Marx introduziu nova perspectiva: era antes herdeiro de uma longa tradição histórica: a tradição da pedagogia ativista. [...] (MONDOLFO, 1967, p. 57)

Mondolfo continua apresentando o percurso histórico da pedagogia ativista que está presente desde Sócrates, com a maiêutica. Mais adiante alerta:

> É claro que esta pedagogia ativista não deve ser considerada apenas teoricamente como único caminho para tornar fecundo e eficiente o processo da educação e para converter a tradição histórica da cultura num desenvolvimento ilimitadamente progressivo: ela deve ser sentida e reivindicada sempre como exigência de dignidade das pessoas dos educandos, de respeito da sua personalidade e de realização da sua liberdade e responsabilidade. Sem a vigilância constante da consciência pública, sem a sua contínua e flexível intervenção em defesa dos princípios democráticos, as teorias da pedagogia ativista redundam em puras teorias sem aplicação prática ou, o que é pior, são praticamente negadas e vilipendiadas, esquecidas até mesmo como teorias. E isto acontece onde quer que prevaleçam as tendências totalitárias, cuja transformação em *regime* dominante é preparada e possibilitada precisamente pelo enfraquecimento e desmoronamento das defesas ativas das ideias e exigências de liberdade. (MONDOLFO, 1967, p. 58-59; grifo no original.)

Às vezes, o que se nota, também, quando os teóricos das políticas públicas se permitem fazer a crítica a determinada metodologia ou prática pedagógica, é certa incapacidade de discutir a questão em seus termos mais relevantes. Isso ocorre, por exemplo, com as críticas que se têm feito à pedagogia das competências. Ao criticar essa pedagogia, porque ela visa formar o trabalhador flexível no mercado de trabalho, é preciso tomar certos cuidados para não ficar apenas no jargão ou fazer uma crítica incompleta. Tornar-se flexível no mercado de trabalho, para o trabalhador, não é, em princípio, algo negativo. Em termos imediatos, pode ser menos ruim do que não ter essa flexibilidade, se a estrutura socioeconômica exige (ou contenta-se com) isso como condição para empregar-se. O problema localiza-se, portanto, não na flexibilidade, mas no modo de produção que exige isso do trabalhador como condição para sua própria exploração. Não é preciso dizer que a solução do problema exige um enfoque muito mais amplo do que a crítica da pedagogia das competências. Certamente que esta, ao visar essa flexibilidade, a pretexto de favorecer o trabalhador, favorece o capital. Mas, até aí, ela nada mais faz do que ser ideologicamente coerente com seu viés neoliberal.

Acontece que, ao pregar a aquisição dessa flexibilidade pelo trabalhador, a pedagogia das competências precisa articular-se com um discurso que defende a apropriação de certos conhecimentos, informações e habilidades por parte do aluno. Parece-me que não se trata de se opor a essa apropriação. O problema se dá quando a educação *se restringe a isso*.

Portanto, não se trata de criticar a pedagogia das competências porque ela visa à formação flexível; antes, trata-se de criticá-la porque ela visa *apenas isso* (embora, se atentarmos bem, a coisa é muito mais grave, porque, como vimos, nem isso a escola tem oferecido). O problema, portanto, está no que a pedagogia das competências *deixa de oferecer*, o que ela nega, o que ela elimina do horizonte possível. A pedagogia das competências é ruim porque ela não se propõe a uma formação integral da personalidade. O que se deve contrapor a ela é uma educação identificada com a apropriação integral da cultura, uma educação que não se restrinja à "passagem" de conhecimentos e informações, apanágio da escola tradicional. Para começar, é preciso questionar o próprio sentido da "flexibilidade" que ela se propõe desenvolver. Não há dúvida de que se deseja pessoas flexíveis diante das situações. Mas, a pedagogia das competências estaria desenvolvendo a flexibilidade ou certa "flexibilidade" condizente com certos padrões "pós-modernos" que nada mais são que a obediência e a adaptação aos interesses do capital?

Nessa mesma linha de argumentação, outro aspecto importante é a crítica ao "aprender a aprender", crítica essa que tem soado um tanto saudosista da escola tradicional. Em princípio, aprender a aprender não é ruim. Perde-se, às vezes, muito tempo e esforço em pôr-se contra o aprender a aprender e não se diz nada sobre o que *falta* na pedagogia das competências: educação como apropriação da cultura inteira. Aliás, o mesmo que falta à educação tradicional, que também continua intocada.

3. Derrubar as paredes

Todos sabemos que as crianças são seres frágeis que vivem, em geral, sob a tutela dos adultos. O preço dessa tutela, no entanto, costuma ser a obediência incondicional. Não haveria maiores problemas se, além do carinho e da atenção a que têm direito, os conhecimentos produzidos historicamente pelas ciências da educação fossem utilizados pelos adultos na aplicação prática desse carinho e dessa atenção. Isso, todavia, não acontece, na imensa maioria das vezes. Lamentavelmente, os pais e demais familiares adultos não têm, em geral, o conhecimento de toda complexidade da criança em desenvolvimento, que apresenta diferentes potencialidades e modos de sentir e de pensar de acordo com as várias idades, e por isso a tratam como se fosse um adulto em miniatura. A necessidade da apropriação do saber por parte dos adultos com vistas a tratar a criança de modo mais adequado a seu desenvolvimento intelectual e moral é de tal magnitude que se torna difícil exagerar a sua importância. Esse talvez seja um dos grandes desafios que a sociedade deve atribuir-se com relação à educação da infância.

Se, no caso dos familiares da criança, essa defasagem de conhecimentos pode ser compreensível, o mesmo não se dá quando se trata da escola. Desta, cuja específica razão de ser é o provimento de educação sistematizada, espera-se que desincumba essa atribuição fazendo uso do saber socialmente disponível, tanto com relação ao conteúdo cultural a ser proporcionado quanto no que se refere à forma de se processar esse provimento. Entretanto, para se convencer de como isso está longe de acontecer, basta atentar para a estrutura didática do ensino fundamental.

Que se pense, por exemplo, na situação de ensino, a aula, momento privilegiado em que se supõe que o saber esteja sendo apresentado pelo educador e apropriado pelo educando. A situação típica é um professor que expõe ou explica a matéria para uma turma que costuma ser de 35 a 45 alunos, ou até mais, dependendo do sistema de ensino e da atenção dada à educação. Primeiro absurdo: mesmo os estudos mais conservadores sobre a composição de turmas de educandos indicam que o número máximo de alunos possível para se ensinar razoavelmente, especialmente nos primeiros anos do ensino fundamental, não pode ultrapassar 25. Até os movimentos trabalhistas dos professores já atinaram para isso, mas quando reivindicam menos alunos por turma são acusados de estarem defendendo apenas seus interesses corporativos, como se estes não tivessem nada a ver com efetividade do ensino.

O segundo absurdo é a utilização de uma forma de comunicação com a criança inteiramente ultrapassada em termos de sua efetividade. Se fosse para proceder, no ensino fundamental, na forma de um professor locutor ou explicador, da mesma maneira que se faz nos meios de comunicação como o rádio e a televisão, a escola não seria necessária. Os meios de comunicação de massa já atendem a essa necessidade. A educação supõe a formação da personalidade e, portanto, deve buscar formas de ensinar em que o aluno participe como *sujeito* de sua formação.

Os mais conceituados estudos a respeito do desenvolvimento intelectual e moral da criança recomendam enfaticamente turmas pequenas de alunos que se relacionem cooperativamente com seus colegas e com o professor. A situação vigente, herdeira do método jesuítico em que se estabelece uma relação vertical do mestre que "ensina" com o aluno que supostamente aprende, é inteiramente inadequada para a formação pessoal das crianças. Para mencionar apenas um dos muitos educadores de renome que, durante o século XX, estudaram a criança e seu desenvolvimento, Jean Piaget, já na década de 1930, fazia a seguinte observação a respeito dessa maneira de (tentar) ensinar:

> A escola tradicional, cujo ideal se tornou, pouco a pouco, preparar para os exames e para os concursos mais que para a própria vida, viu-se obrigada a *confinar* a criança num trabalho estritamente individual: a classe ouve em comum, mas os alunos executam seus deveres cada um por si. Este processo, que contribui, mais que todas as situações familiares, para reforçar o egocentrismo espontâneo da criança, apresenta-se como contrário às

exigências mais claras do desenvolvimento intelectual e moral. É contra este estado de coisas que reage o método de trabalho em grupos: *a cooperação é promovida ao nível de fator essencial do progresso intelectual.* (PIAGET, 1994, p. 301; grifos meus; cf. PARO, 2010b, p. 66)

Basta atentar para a conduta que o modelo atual espera do professor diante de sua classe para perceber o quanto ele está longe do papel de "companheiro respeitável" que há mais de dois séculos Johann Friedrich Herbart já reivindicava para o verdadeiro educador, afirmando:

Ele próprio dirá que não é ele o verdadeiro e autêntico educador, mas sim *a força de tudo aquilo que os homens foram alguma vez capazes de sentir, experimentar e de pensar*, que é na realidade o verdadeiro e autêntico educador, digno do seu educando e ao qual foi apenas atribuída a função de companheiro respeitável para uma interpretação compreensível do mundo. (HERBART, 2003, p. 10; grifos originais)

Ao desventurado professor, que já tem de responsabilizar-se por um trabalho reconhecidamente acima de suas possibilidades humanas, em virtude do tamanho das turmas, nem sempre é dado perceber que, independentemente disso, também o padrão pedagógico adotado é perverso porque impede, ao aluno, viver e aprender, e a ele, professor, sentir-se realizado em seu mister. Assim, a escola, a pretexto de preparar a criança para a vida, impede-a de viver sua infância, confinando-a por quatro a cinco horas diárias em uma sala de aula, sentada passivamente enquanto o tempo passa e ela fica privada do que mais deseja e necessita para viver, que é brincar e gastar prazerosamente suas energias vitais que são o apanágio de sua condição de criança.

É verdadeiramente triste ter a consciência de que, todos os dias, dezenas de milhões de crianças, em todo o território nacional, se sentam para "se preparar para a vida", deixando a vida passar e perdendo a oportunidade real de extravasar toda sua energia, empregando-a para viver de modo pleno sua alegria e criatividade, que é a melhor forma de garantir uma vida muito mais saudável psicológica e mentalmente do que a dos adultos de hoje que cometem com elas esse desatino.

A reflexão sobre a espécie de adulto que esse tipo de educação realmente produz faz lembrar o desabafo de outro grande educador, Comenius, que, em sua *Didática Magna*, ao reportar-se a "todos os que saíram das escolas e das Academias com um verniz superficial da cultura mais verdadeira", confessava pungentemente:

> Eu mesmo, homem pequeno e mísero, estou entre os muitíssimos que perderam lastimavelmente a agradável primavera da vida e os anos floridos da juventude entre as tolices escolares. Quantas vezes, desde que fui capaz de julgar melhor as coisas, a lembrança do tempo perdido arrancou-me suspiros do peito, lágrimas dos olhos, dor no coração. [...] (COMENIUS, 2002, p. 107-108)

O curioso — e incompreensível — é que, embora todos estejam de alguma forma convencidos da baixa produtividade, isto é, do pouco que os alunos aprendem nessa escola, praticamente ninguém se dispõe sequer a aventar alguma alternativa para o modelo vigente. O trabalho de campo da investigação feita retrata isso claramente, e o relato que faço, a seguir, das opiniões e expectativas das pessoas entrevistadas parece representar em boa medida o que pensam os educadores escolares de um modo geral.

Ao introduzir a questão da estrutura didática da escola fundamental para cada entrevistado, eu começava por indagar o que o depoente achava da estrutura atual e em seguida se ele sentia a necessidade de mudança nessa estrutura. Em geral, o entrevistado fazia algumas ressalvas ao modelo atual, mas nunca propunha alguma ruptura com esse modelo. Eu estava interessado também em saber qual era sua posição diante de casos reais de estruturas didáticas alternativas e se ele achava vantajoso e viável introduzir essa mudança na escola.

No século XX registram-se experiências importantes de ruptura com o modelo tradicional de sala de aula como a de Makarenko (2005) e a de Pistrak (1981) na União Soviética, a de Célestin Freinet (1998) na França e a de A. S. Neill (1976) na Inglaterra, para citar apenas as mais famosas. Os dois casos mais próximos de que eu dispunha para citar eram a experiência levada a efeito na Escola da Ponte, em Portugal (CANÁRIO et al., 2004; PACHECO, 2008, 2009), e a experiência em andamento na Escola

Municipal de Ensino Fundamental (Emef) Desembargador Amorim Lima, na cidade de São Paulo, sendo esta última uma experiência mais recente, inspirada na Escola da Ponte. Ambas adotam uma didática em que as salas de aula tradicionais deixam de existir e são substituídas por atividades didáticas em pequenos grupos. Essa inovação tem o sentido mesmo de derrubada das paredes das salas de aula e a adoção de um grande espaço com grupos pequenos de quatro ou cinco crianças que desenvolvem seu programa de forma mais ou menos autônoma, interagindo com os colegas de grupo e contando com a ajuda também de um docente ou monitor que, em última instância, constitui o "companheiro respeitável para uma interpretação compreensível do mundo" (HERBART, 2003, p. 10) mencionada anteriormente.

Pois bem, voltando à sistemática das entrevistas, logo após a pessoa entrevistada expressar sua opinião a respeito da estrutura didática e da conveniência ou a viabilidade de se introduzirem mudanças, era-lhe apresentado sucintamente o exemplo das experiências da Escola da Ponte e da Escola Amorim Lima, e se pedia que ela desse sua opinião sobre essas experiências, dizendo inclusive se essa era uma boa solução para a escola pública. Os resultados parecem fornecer uma boa aproximação sobre as visões dos depoentes.

Por mais que as pessoas sintam que a escola não funciona do modo como está, e por mais que se estimule a pessoa entrevistada a aventar alguma alternativa para a escola de hoje, na maioria das vezes, o que aparece são medidas pontuais, sem interferir na estrutura da escola. Marilda, por exemplo, professora da quarta série, instada a falar sobre possíveis transformações na estrutura didática, ou no modo como a escola dá conta do pedagógico, não consegue pensar em algo que não seja um atendimento melhor dos pais em casa. Não há dúvida de que isso é importante (e como é!), mas a escola deve continuar igual? Perguntada sobre o que precisaria mudar *na escola*, Marilda responde: "Eu trabalharia mais em criação, sabe, envolvendo comunidade. Promoveria várias atividades, finais de semana, onde os pais possam estar vindo participar. Envolvendo duplas, filhos, pais, fazendo competição juntos, é legal, isso atrai." Com minha insistência sobre o que ela mudaria no modo de agir da escola, em termos didáticos, Marilda pensa e diz: "O que que eu mexeria? [pausa] Ah! Sei lá... Eu não sei se tem muita coisa para mexer... Eu acho que, assim, de momento... todos os pais... fazer com que eles tenham mais consciência da situação, do que está acontecendo." Insistência minha: "Mas, aqui dentro, você mudaria o jeito da escola operar?" Resposta: "Eu acho que não. Eu acho que dá certo. É só ter vontade. Se você trabalhar com vontade, dá certo, você chega a algum lugar, sim. Você pode não chegar no topo daquilo que você quer, do seu projeto, mas você ultrapassa..."

A professora Marilda nunca ouviu falar em experiências como a da Emef Amorim Lima ou da Escola da Ponte, e quando essas experiências são relatadas, inclusive chamando a atenção do absurdo que é deixar a criança por quatro ou cinco horas sentadas numa carteira, ela diz: "É por isso que eu disse para você, trabalhar mais numa atividade recreativa, porque é cansativo, gente, você ficar quatro, cinco horas ali, [...] tem hora que dá sono, dá tédio, imagina uma criança, que tem energia até de sobra." Marilda sugere trabalhar com horta e outras atividades avulsas, mas não consegue se voltar contra a atual organização da aprendizagem. Em seguida, apresenta a questão da Secretaria da Educação que coloca empecilhos para atividades que tirem as crianças da escola.

> A Secretaria da Educação, a Diretoria de Ensino, elas te impedem de fazer determinados trabalhos. Exemplo: o que tem de mais você levar uma turma para, vamos supor, a Estação Ciência, aqui pertinho? [...] Eu tenho loucura para levar meus alunos para o planetário. E são tantas coisas interessantes e você não pode estar tirando o aluno de dentro da sala de aula. Por quê? Primeiro, porque você não pode pedir dinheiro. E tudo, infelizmente, aí fora, você tem de bancar. [...] Então, a diretoria impede você de recorrer a esse dinheiro para poder fazer um passeio com eles, sabe, uma atividade extraclasse. Por outro lado, existem aqueles casos daqueles alunos que não têm esse dinheiro para bancar. Mas você pode estar juntando o dinheiro dos outros e estar bancando aquele que não pode, que é uma minoria.

O curioso é que não parece ocorrer à professora reclamar de o Estado não "bancar", ele mesmo, esse dinheiro. Falta de consciência política? Ou é a esperança em poder contar com o Estado que já se foi?

Sobre a mudança da estrutura da escola, Andreia, professora da terceira série, acha que não precisa derrubar as paredes[2]. Pensa que com menos alunos e com novos materiais e métodos seria possível oferecer um bom ensino. Sobre medidas mais radicais, como a da Escola da Ponte, Andreia diz que ela não foi formada nesse tipo de ensino, nem os professores de um modo geral, e por isso fica difícil imaginar como seria. Em compensação, logo em seguida, Andreia faz a observação sobre o fato de os diretores, vice-diretores, funcionários terem suas funções determinadas, quando deveriam estar integrados no processo educativo geral da escola.

Uma das referências pontuais feitas, quando se pergunta a respeito da mudança de estrutura da escola, é a diminuição do número de alunos por sala. Andreia menciona essa questão e Inês, a secretária, acha que o número ideal por sala de aula seria, no máximo, 25 alunos. A Escola Célia Cintra tem uma baixa média de alunos por sala: aproximadamente 20 a 25 alunos. Raquel, a diretora, não sabe explicar por que acontece isso nessa escola. É favorável a uma diminuição geral para 25 alunos por sala de aula. Diz que é muito bom que tenha poucos alunos por sala na Célia Cintra: "Mas eu acho assim fantástico... Às vezes eu olho para a professora da classe, me dá vontade de entrar lá... porque dá para fazer muito mais..."

Raquel, diante da crítica sobre o confinamento de alunos, concorda mas não apresenta familiaridade com a ideia. Diante da sugestão de superação dessa situação, apresenta as dificuldades: resistência do professor, formação do professor. Diz que, quando o professor fecha a porta, ele faz como quer.

Vera Sanches, coordenadora pedagógica, estimulada a falar sobre o assunto, diz que não concorda com o confinamento de alunos, em carteiras nas salas de aula, e que tem feito tudo para tentar mudar um pouco as coisas na Célia Cintra. Diz que acha um absurdo e que, na escola, procura "brigar muito por isso", oferece a sala de vídeos, a sala de computadores, diz que a escola inclusive adquiriu livros animados.

---

2. Para uma descrição de experiência de substituição da sala de aula tradicional por pequenos grupos de estudantes, veja o trabalho de Simone de Castro Paier (2009).

Então, eu falo para elas: "Gente, vamos sair da sala de aula. Antigamente, o giz era nobre, hoje não, o mundo oferece tantas outras coisas." Então, Vitor, eu exijo que vão fazer a aula de leitura lá atrás, debaixo das árvores, num dia ensolarado, lá atrás no cantinho debaixo das árvores, na arquibancada... Criar um ambiente para tirar o aluno da sala de aula. São quatro horas e meia na sala de aula. Isso porque diminuiu, eram cinco horas corridas. [Isso aconteceu porque o ex-secretário de educação tirou a hora relógio e transformou em hora-aula (50 minutos), tirando meia hora do período diário do primeiro ciclo do fundamental. O recreio tem 20 minutos.] Então, se você botar na pontinha do lápis, na verdade são quatro horas, que eu acho muito pouco. Mas, para a sala de aula, eu acho muito, porque o aluno não tem que ficar só na sala de aula. Ele tem que vivenciar coisas fora da sala de aula.

Márcia, vice-diretora, diante da explicação a respeito do confinamento de alunos e de razões para que isso seja superado, concorda com a fala do entrevistador. Mas percebe-se que ela nunca pensou em romper com as aulas tradicionais. As sugestões que surgem são tópicas, para minimizar apenas a "chatice" das aulas.

É, tinha que diversificar as atividades, com certeza, porque é muito chato mesmo, ficar sentado quatro horas, ali, apesar de sair para essas outras aulas, mas ainda é cansativo. É que, também, se a gente tivesse a estrutura, né, não sei. Por exemplo, se tivesse uma sala de informática boa, poderia estar fazendo atividade diferente... Ou se a própria Secretaria da Educação colocasse, sei lá, igual na escola particular, computador na sala de aula, poderia, lógico, o professor dar atividade diferenciada, com certeza.

Tendo o entrevistador explicado como funciona a Escola da Ponte, em Portugal, Márcia exclama: "Ai, que maravilha, não!? Bacana, mas será que a gente conseguiria? Aí precisava de um diretor que fosse efetivo, que gostasse da escola, que ficasse na escola e que já estivesse preparado para isso mesmo, para poder dar certo, e não ficar meio ano [e] ir embora, um ano [e] ir embora. Não tem como, né."

Também a secretária da escola, Inês, quando alertada para o absurdo de deixar a criança por quatro ou cinco horas confinada numa sala de aula, mostra concordar que isso é realmente errado. No início, segue os outros educadores que aventam atividades pontuais para "compensar" ou mitigar o confinamento. Depois, mostra-se confiante com seu raciocínio e diz: "As pessoas associam muito você ter uma recreação, ter um lazer e não aprender. [...] Eu acho que dá para aprender brincando."

Antônia, auxiliar de professora, diz que é contra o confinamento, mas diz que as coisas estão mudando. E fala das saídas da classe para o pátio, para a variação de atividades, "trabalhar matemática ao ar livre", e diz que isso é possível e que tem esses projetos "de fazer uma diversificação trabalhando, *não só visando brincar*" (grifo meu). Antônia não consegue conceber uma mudança radical do desenho pedagógico da sala de aula. Diz que concorda com mudanças, mas mostra estar-se referindo apenas a variações sobre o mesmo tema, levando as crianças ao Serviço Social do Comércio (Sesc), a outros locais interessantes, etc.

Sobre a alternativa de suprimir as salas de aula tradicionais, e fazer algo como a Escola da Ponte ou da Amorim Lima, Elaine, professora da primeira série, afirma que é um problema de gestão.

> Elaine: Eu acho que, se ficou bem organizado, se cada um assume o seu papel, eu acho que dá certo. Mas precisa ter uma boa organização, porque olha...
>
> Entrevistador: Mas esse tipo de escola, a escola seriada, com classes, você não acha que está meio em desacordo com o próprio construtivismo e com a própria Psicologia da Educação, que diz que a criança tem que aprender muito mais com o outro, num sentido horizontal, e a criança, nessa fase, o que ela quer mais é brincar, e ela fica confinada dentro de uma escola, durante quatro ou cinco horas? Você não acha que é desumano?
>
> Elaine: Uma das coisas com que eu me choquei (por isso que eu falo, eu vim da educação infantil), até a organização da mesa me incomoda. Por isso que até ainda deixo eles em duplas, para ter um mínimo de organização dentro da sala. Eu me choco também, em alguns momentos.
>
> Entrevistador: A gente que é adulto não consegue ficar quatro horas parados; imagina eles!
>
> Elaine: Nos primeiros dias, eu senti muito, porque [na educação infantil] eu ia para o parque, eles faziam pintura, deitavam no giz. Aqui, às vezes,

eu tenho vontade de pegar o giz e ir lá na quadra para eles desenharem no chão. Só que eu não vejo ninguém fazer isso. Eu vejo que tem muitas coisas que poderiam ser feitas e não são. É complicado mesmo eles passarem quatro horas aqui. Que nem agora, eu até conversei com a coordenadora, se eles podem trazer um dia brinquedo. Porque, de um dia para o outro, *eles deixaram de ser crianças e foram ser alunos.* (Grifos meus.)

À pergunta sobre qual seria a solução para isso, Elaine responde que teria que haver momentos para ter trabalhos com escrita, mas que "deveria trabalhar muito mais o lúdico". Percebe-se que a professora sente que a situação está errada diante dos progressos da Ciência e da Pedagogia, mas não está a ponto ainda de romper radicalmente com o passado. Tanto que as soluções apresentadas são tópicas, o que já é altamente alvissareiro diante da concepção tradicional do senso comum. Elaine diz que tenta fazer alguma coisa "já que não dá [para mudar radicalmente]". Diz ela: "Eu acho que o professor, já que não dá, eu acho que o professor deveria dar um jeitinho de mudar essa situação."

Na E. E. Célia Cintra, verifica-se uma inovação nas turmas da quarta série, que consiste numa divisão do trabalho das professoras, que trabalham por área. Assim, há quatro professoras, articulando-se em duas duplas: em cada dupla, uma professora leciona Língua Portuguesa, História e Geografia e outra leciona Matemática e Ciências. Diz Vera Sanches, a coordenadora pedagógica, que, assim, "as funções são divididas e o trabalho flui muito melhor". Márcia, vice-diretora, acha interessante esse sistema de divisão do trabalho das professoras de quarta série, porque é uma maneira de os alunos irem se adaptando ao sistema de vários professores no lugar do professor único que há da primeira à quarta série. Marilda, uma das professoras da quarta série, diz que foi Vera Sanches quem sugeriu a divisão das matérias da quarta série entre duas professoras. Diz ela que gosta desse sistema. Ela trabalha nas quartas séries C e D, ambas no período vespertino, em dupla com outra professora. Diz que vê diferença entre as classes, porque numa ela consegue avançar e na outra não. Esse esquema da quarta série, segundo Andreia, não há na terceira série, porque são duas professoras de manhã, mas a outra professora não quis porque ela é mais professora das primeiras séries e acha que não se adaptaria ao esquema. Andreia diz que está sofrendo porque ela gostaria de trabalhar em dupla, porque gosta de dar Matemática e Ciências.

4. Ciclos e progressão continuada

Com relação à estrutura didática da escola fundamental, um dos pontos essenciais é a necessidade de superação da tradicional organização seriada do ensino. A esse respeito, tem-se verificado nos últimos anos, especialmente a partir do final da década de 1980, um importantíssimo movimento de tentativas de superação do "regime estúpido das repetições de série" (TEIXEIRA, 1954), por meio da implementação do regime de ciclos e de progressão continuada em vários sistemas de ensino do país (BARRETO; MITRULIS, 2001; SOUSA, 2007). Esse movimento tem-se fundamentado, em grande parte, na maior conscientização de setores responsáveis pela educação que se convencem, cada vez mais, do caráter antipedagógico da reprovação e percebem que o sistema seriado não se sustenta à luz da teoria pedagógica e tem servido apenas para jogar sobre o aluno a culpa pela incompetência do próprio sistema de ensino em levá-lo a aprender (PARO, 2001b).

O sistema seriado de ensino mostra sua procedência antidemocrática na medida em que serve a uma concepção tradicional de escola fundamental, preocupada não em ensinar, mas em separar os alunos que podem prosseguir, passando de série, dos que não podem. É um sistema tributário de uma pedagogia baseada no prêmio e no castigo como motivações para o estudo, esquecendo-se da característica básica do bom ensino que é a de ser intrinsecamente desejável pelo educando que, assim, estuda porque quer, fazendo-se sujeito, que é a marca da verdadeira relação democrática.

É preciso, todavia, distinguir entre as experiências sérias e preocupadas com a melhoria do ensino e aquelas que, em nome dos ciclos e da progressão continuada, implementaram verdadeiras contrafações desse sistema, apenas suspendendo, ou restringindo, as reprovações anuais

— para seguir a moda ou para conseguir obter índices de desempenho do sistema de ensino aparentemente melhores diante da opinião pública —, mas sem instituir uma necessária reforma na própria estrutura didática, de modo a adequar o ensino às múltiplas e diferenciadas necessidades dos educandos no decorrer de seu desenvolvimento biopsíquico e social. Isso tem produzido verdadeiras aberrações, como a de chamar de progressão continuada a um regime que mantém a reprovação como recurso didático (apenas que agora limitada à passagem de um ciclo para outro), ou a entender os ciclos como conjuntos de séries, mantendo toda a filosofia e a prática escolar da seriação, ou ainda dividir o ensino em ciclos sem nenhum critério pedagógico, como aconteceu nos sistemas em que apenas se cortou ao meio o ensino fundamental, instituindo dois "ciclos" de quatro *séries*, praticamente regredindo ao tradicional sistema de primário e ginásio de antigamente.

O que esse sistema de "ciclos" pautado no mero interesse em maquiar estatísticas e em parecer democrático diante dos eleitores tem conseguido é fazer com que todos creiam que a causa do mau ensino é a progressão continuada, aumentando ainda mais a resistência à adoção de uma estrutura didática que não esteja fundamentada na reprovação escolar. Na rede estadual de ensino de São Paulo é esse sistema de dois "ciclos" que vigora, tendo quatro anos cada um,[3] que constituem, na verdade, quatro séries, em completo desacordo com o espírito dos ciclos de aprendizagem, ou seja, o de procurar atender a fases ou ciclos de desenvolvimento biopsíquico e social da criança e do adolescente.

O fator de maior peso na resistência ao sistema de ciclos e de progressão continuada é a oposição generalizada à abolição ou mitigação da reprovação escolar. Em trabalho anterior (PARO, 2001b), examinei com certa profundidade as causas socioculturais, psicobiográficas, institucionais e didático-pedagógicas dessa resistência. Por isso, vou deter-me neste capítulo nos limites das falas dos entrevistados e de eventuais comentários a essas falas.

---

3. A partir de 2010, com a extensão do ensino fundamental para nove anos, o primeiro ciclo passou a ter cinco anos.

Segundo Raquel, a diretora, há muito pouca reprovação na Escola Célia Cintra. Mas diz que vem pai pedir para reprovar o próprio filho. "Aí eu acho desumano, porque tudo é um processo e o aluno tem mais um tempo para aprender." A professora Vanessa, da segunda série, acha a progressão continuada uma boa medida. Mas diz que os pais pedem para reprovar. Em termos de avaliação, ela acha que o importante é a avaliação cotidiana, não as provas periódicas. Diz que o sistema estadual de ensino ainda usa notas. Elaine, professora de primeira série, diz que é favorável à progressão continuada, porque dá um tempo maior para o aluno aprender, mas que precisaria ser feito um maior esclarecimento às famílias, porque elas resistem muito à não reprovação.

O esclarecimento aos pais é sem dúvida uma das medidas necessárias a qualquer processo de melhoria da qualidade do ensino e, no caso em pauta, é mais do que justificado diante da cultura da reprovação disseminada no senso comum. Mas a questão do maior tempo para aprender, presente na voz de Raquel e de Elaine, é algo que exige também uma compreensão acima do senso comum. A progressão continuada existe para adequar o ensino aos ritmos das crianças e para levar em conta seus ciclos de desenvolvimento, mas é usual ouvir-se a alegação de que ela só é necessária para dar mais tempo às crianças das camadas pobres aprenderem porque elas seriam mais "lentas" ou menos inteligentes, justificando assim o "barateamento" do ensino para essas camadas que passam a ter acesso a um conteúdo curricular minguado com relação aos mais ricos, frequentadores das escolas privadas.

Elaine diz que há muito professor também que é contra a progressão continuada. Ela, pessoalmente, é favorável porque vem de uma proposta construtivista e existem professores que não aceitam essa proposta. Perguntada sobre o que é que identifica a proposta construtivista, ela responde:

> O que identifica é o professor ser aquele facilitador e o aluno conseguir passar também por aquele processo de aprendizagem dele. O professor só pode ser construtivista quando ele entender que aquele aluno errou e pode acertar depois. A criança está em construção e ele [o professor] vai estar ali ajudando. Diferente da proposta tradicional.

Elaine se reporta ao Programa Ler e Escrever (São Paulo, 2011), que é um projeto pelo qual o professor fica quatro horas por semana a mais na escola, recebendo um adicional para isso. Ela vem duas vezes por semana à tarde. Diz que o Programa manda dois livros: um de textos e um de atividades. Tem um livro de alfabetização, "que a escola já recebia todo ano". "O professor também ganha um livro, que é um livro de estudo, que a gente usa nessas quatro horas." Isso na primeira e na segunda séries. "Estão mandando livros para que as crianças possam ler, porque não adianta você falar que a criança tem que ler todo dia, se não tem livro para ler, né." São livros paradidáticos. "Para alfabetização eles mandaram, esses dias, letras móveis que, quem usa usa muito para alfabetizar." Elaine conclui, dizendo: "Então, eu acho que está tendo um pouco de investimento nessa parte. Então, pode ser que essas provas [Saresp, Saeb] tenham melhores resultados no final."

Observe-se, de passagem, que a professora deve ter assimilado bem as ideias da Secretaria da Educação: a preocupação não é com um ensino melhor, mas que as provas tenham "melhores resultados". Na verdade, como vimos depois, pela imprensa, os resultados nas provas não foram tão bons assim como Elaine esperava. De qualquer forma, essa inversão de valores só pode dar razão à observação de Célestin Freinet quando Mathieu, seu personagem da obra *A educação do trabalho*, falando sobre a quebra da harmonia e paz que circunda a escola, diz:

> Só a sua escola rompe brutalmente essa paz e essa harmonia, e isso me faz sofrer como um sacrilégio... Uma criança está lendo. Compreendo que está lendo não para saber o que exprimem os signos, mas para submeter-se a uma prova que vocês fiscalizam e sancionam. Depois, a classe se enche de um murmúrio frio, hesitante e úmido, que ressoa monotonamente como uma prece de igreja, um murmúrio dirigido, interrompido de tempos em tempos por uma rude reguada na escrivaninha... (Freinet, 1998, p. 87)

Perguntada sobre o que acha da progressão continuada, Vera Sanches responde:

> Vitor, eu acho bárbaro [ênfase] a progressão continuada. Bárbaro! Vou te explicar por quê. Porque na progressão continuada, Vitor, o meu aluno não

tem que apreender os conteúdos de primeira série, de segunda, de terceira e de quarta. Ele tem quatro anos para apreender aquele conteúdo, não importa em que série. Eu acho bárbaro. Inclusive, com a possibilidade, ao final desse ciclo, se ficou alguma coisinha presa lá atrás que ele não entendeu, ele pode fazer os estudos daquilo. Eu acho bárbaro. Só que, do jeito que foi colocado pra nós, se perdeu muito, a gente empurrou muito aluno com a barriga, a gente não deu conta do aluno, o professor não entendeu. Mas eu acho que ainda está a tempo de salvar isso aqui, tá? Eu até pensei que a secretária da educação fosse acabar com a progressão continuada, porque ela é de coisas assim, de métodos mais antigos e tal, do reprova e tal. Até me surpreendeu, que ela não acabou com a progressão continuada, ela colocou alguns detalhes aí, de a gente dar conta do aluno até oito anos, mas isso a gente já faz, é conversa...

Indagada sobre a reprovação, se ela acha que é um estímulo, como muitos dizem, porque leva o aluno a estudar por medo de ser reprovado, Vera Sanches diz que não. "Não concordo. Tem que estimular o aluno, tem que mostrar o mundo, tem que dar conhecimento para o aluno... [...] A escola pode oferecer tanta coisa... Ela não tem que reprovar, não. Tem que ensinar e tem que estimular mesmo."

Vera Sanches é uma das pessoas que mais apoiam a ideia de progressão continuada e de ciclos de aprendizagem na escola pesquisada. Ela reitera mais algumas vezes que acha a medida "bárbara". Continua se reportando aos malefícios da reprovação e à responsabilidade do professor em ensinar, não em reprovar. Fala das reuniões periódicas que tem com os professores, de seu cuidado em fazer tudo para que o aprendizado seja realmente efetivo. Nas observações que fiz de HTPC, percebi esse carinho que Vera Sanches tem com relação ao ensino. Ela acha que o sistema de ciclos exige um número pequeno de alunos por sala porque há momentos em que o aluno precisa de um atendimento individual e as classes muito numerosas não permitem isso. Na verdade, não é o sistema de ciclos, mas a educação de qualidade que exige isso. Mas não deixa de ser intrigante que as pessoas atribuam aos ciclos condições de realização que antes não eram sentidas como necessárias. Talvez porque, com a progressão continuada, fica mais difícil atribuir ao aluno (via punição pela reprovação) a má qualidade do ensino.

Márcia, a vice-diretora, diz que a progressão continuada é muito boa, mas foi jogada, sem maiores providências.

As pessoas que realmente quiseram aprender e trabalhar foram atrás de cursos. Eu fiz vários cursos quando começou a progressão continuada, eu corri atrás, eu fiz cursos (estava em sala de aula nessa época). Por exemplo, acabava meu período, nós nos reuníamos, as professoras do período, e a gente ia estudar sobre isso. [...] De uma certa forma, eu aprendi bem.

Mas diz que a maioria dos professores não agiram assim e por isso o ciclo não funciona. Márcia diz que a progressão continuada só funciona com melhor formação do professor, mas que é uma boa medida. Ela critica o modo tradicional de ensinar e conclui: "A maioria da culpa de o aluno não aprender é do professor." Importante verificar como uma medida que inibe a reprovação faz com que os professores sintam necessidade de melhor formação. Talvez porque, no sistema anterior, isso não era necessário. Ou seja, antes podia-se ser incompetente, porque a reprovação encobria; agora, não.

Inês, secretária, perguntada sobre a progressão continuada, diz: "Será que os professores, em sala de aula, entendem o que é isso? [...] Acho que o próprio professor não acredita muito no programa." Inês acha que, para funcionar, deveria haver mais formação, mais capacitação para os professores. Diz que concorda com os ciclos, mas se mostra contraditória. "Eu acho que deveria realmente continuar do jeito que está, porém, tendo a reprovação. Reprovação não é um castigo." Questionada sobre o fato de que é, sim, um castigo e que é somente o aluno quem paga, Inês concorda e acrescenta que o aluno acaba pegando o mesmo professor. Então, tece considerações sobre a forma de escolha do professor.

A professora Andreia, da terceira série, diz:

Eu acho que daria certo, se a gente tivesse uma progressão continuada mesmo. Por exemplo, assim, a criança está na primeira série, ela não aprendeu, por n motivos, mas ela vai para a segunda do mesmo jeito, não aprendendo aquilo que era para aprender na primeira, não aprendeu nada na segunda, e vai para a terceira e a progressão continuada... Então eu acho que o aluno está-se prejudicando.

Eis a clássica alegação de que a progressão continuada prejudica o aluno, supondo que ele não aprendeu porque foi aprovado e não porque não lhe ensinaram.[4] Questionada, Andreia refaz o pensamento: "Então, teria que haver um trabalho para que não houvesse essa reprovação, mas que também o aluno aprendesse." Pergunta: "Por que só fazer no fim do ano isso, e não durante todo o processo de ensino?" Andreia ri e reconhece que ainda não parou para pensar.

A justificativa de que a aprovação do aluno sem aprender é causada pela progressão continuada também é apresentada pela professora Marilda, da quarta série, que se diz contrária à medida e arrola outros argumentos normalmente apresentados contra a promoção de alunos, como o caráter motivador da reprovação, o fato de os pais também serem a favor da reprovação, a segunda chance que se dá ao aluno com a reprovação, etc.

Curiosa a opinião de Antônia, auxiliar de professora, sobre a progressão continuada. Sobre o aluno "estar passando, mesmo sem saber", ela diz: "Eu acho isso prejudicial. Ao mesmo tempo eu acho [que ajuda]. Ajuda porque tem aluno que, se você não passa, ele vai continuar com o mesmo professor e não vai entender. Então, [se] você passa, ele vai arrumar um professor, quem sabe na próxima metodologia ele aprende." Sua concepção de progressão continuada diz respeito apenas ao passar de ano. Recrimina o fato de ir passando de ano em ano sem aprender. Diz que o melhor seria que se fizesse a progressão continuada dentro do próprio ano, corrigindo os problemas dos alunos. Depois de uma longa discussão sobre os prós e contras da reprovação, Antônia diz que, então, deveria haver uma progressão, mas com "uma ajuda extra" *o ano todo*, para o aluno não passar para a próxima série sem saber. Eu digo: isso é que é a progressão continuada. Ela ri, e diz: "Ah! bom, aí então é uma progressão continuada."

---

4. Em pesquisa que buscou estudar a opinião dos pais de alunos da escola fundamental sobre a reprovação escolar, Márcia Aparecida Jacomini (2010, p. 77) põe a questão nos devidos termos ao afirmar peremptoriamente: "O baixo rendimento escolar não pode ser atribuído à não reprovação, pois quando não havia restrição às práticas de reprovação isso já acontecia, inclusive esse era o motivo pelo qual os alunos eram reprovados. Ou será que aprendiam e mesmo assim eram reprovados?"

5. Coordenação pedagógica e supervisão escolar

Na Escola Célia Cintra há uma coordenadora pedagógica, Vera Sanches, que tem presença permanente no cotidiano da escola, é extremamente simpática e trata todos com bastante atenção. Durante todo o período de observação na escola, pude testemunhar sua conduta democrática no trato com as professoras e sua implicação com os problemas educacionais. Está permanentemente ocupada, fazendo planejamentos, atendendo a docentes, alunos e pais de alunos, executando tarefas corriqueiras e participando de reuniões. Estava presente em todas as reuniões, de pais, de conselho de classe e de Horário de Trabalho Pedagógico Coletivo (HTPC).

O HTPC é a referência básica para a coordenação pedagógica na escola. Nesse horário, os professores, liderados pela coordenadora (liderança às vezes dividida com a diretora), planejam seu trabalho semanal e discutem questões pedagógicas de interesse comum. As professoras entrevistadas mostraram gostar muito da coordenadora pedagógica e enfatizaram a importância do HTPC, mas reclamaram do pouco tempo que é reservado para essa atividade.

Inês, a secretária, pensa diferente, mas referindo-se às escolas em geral, não à Célia Cintra. Ela diz que no HTPC o professor deveria tirar o máximo da coordenadora. Acha que não precisa aumentar o tempo do HTPC, o que precisa é o professor saber aproveitar ao máximo o tempo que tem.

Andreia, professora da terceira série, acha que o HTPC deveria ser mais pedagógico. Diz que a Célia Cintra tem essa característica, mas não é a regra. Informa que já teve em outra escola um HTPC que atendia bem a seus propósitos. "Era bem pedagógico porque a coordenadora tinha tempo para isso, tinha tempo hábil: não cuidava de outra coisa, só do pedagógico mesmo." Relata que, na segunda-feira, todas as professoras da primeira série sentavam-se em círculo, discutiam a programação da semana, faziam um cronograma e já chegavam à sala de aula prontas para desenvolver a matéria. Se algum aluno tinha problema, procuravam resolver, a coordenadora falava com o aluno, "iam descobrindo" o que estava acontecendo e podiam resolver mais efetivamente os problemas.

Uma função que recebe crítica do pessoal escolar é a supervisão escolar, repetindo o verificado em outras pesquisas (p. ex., PARO, 1995). Quando solicitada a falar sobre a supervisão e assistência pedagógica da Secretaria da Educação, Raquel (diretora) ri, dando a entender que ela praticamente não existe. Diz que a supervisora visita a escola duas vezes por ano, mas preocupada apenas com aspectos formais, como o local onde a merenda é guardada, que a supervisora considera pequeno, mas que, embora não haja na escola outro lugar disponível, nas duas vezes em que ela veio à escola, os orçamentos apresentados a ela para construir um recinto maior foram reprovados porque muito caros. Diz também que no período em que trabalha em direção nunca houve supervisor que desse assistência pedagógica à escola. "Eu tinha uma supervisora assim que era meio *sui generis*, ela chegava às dez horas, numa escola que eu fazia noturno, e ela ia para o pátio catar papel de bala, falar que estava tudo muito sujo... Essa foi a que mais atuou, assim, fora da sala da direção."

Vera Sanches, coordenadora pedagógica, diz que a supervisora visita a escola duas vezes por ano, só. Ela reclama também das reuniões que ela tem que frequentar periodicamente na Diretoria de Ensino. Diz que nessas reuniões os supervisores e outros integrantes da DE

> dão subsídios, conversam, material belíssimo... Eu sei que não adianta ter tudo isso e a escola não funcionar. Agora, outra parte, Vitor, você precisa ver o desespero geral: a escola aqui precisando da gente e nós presas lá, das oito até às cinco [da tarde], sendo que da vez passada foi até as cinco e dez.

Pergunto a Vera Sanches: "Mas o que fica o coordenador ou coordenadora fazendo, lá? Ouvindo?" Resposta: "Ouvindo, fazendo oficinas que a gente já cansou de fazer, já faz há trezentos anos, discutindo os mesmos problemas... e a gente fica lá, lendo textos e... nós temos de ficar lá..." Pergunto, então: "E a supervisão?"

> Ih! Lá vem você com a história da supervisão... Aliás, a supervisora esteve aqui essa semana, depois de muito tempo. Mas sabe por que que ela veio aqui? Porque a dirigente mandou. E sabe por que que a dirigente mandou? Porque a dirigente se enganou. [...] Ela começou questionar os problemas que a gente não tinha. [E ela disse:] "Ué, porque será que a dirigente me

mandou aqui? Não era nessa escola de ciclo dois." Eu falei: "Não, esses assuntos não são da nossa escola de ciclo dois". Inda brinquei com ela: "Você está no defunto errado." Ela falou: "Estou mesmo." Então, quando surge algum problema, Vitor, então elas vão. Ela veio aqui porque [achou que tinha problema]. Tanto que ela nunca vem. Ela nunca vem. [...] Ela fala que é porque aqui não tem problema. Oba! Não tem problema... Vamos pensar no futuro, vamos dinamizar as atividades, vamos ver, né.

Já Vanessa, professora da segunda série, diz que a supervisora, quando vem à escola, só sabe ficar criticando as coisas. Diz que, inclusive, entra em sala de aula para observar o trabalho do professor.

Ela veio no primeiro dia de aula. E um aluno falou assim: "Professora, eu posso sentar do seu lado?" Eu falei: "Pode, põe a cadeira aqui que a gente vai fazendo." (Esse aluno até não está mais comigo.) Ela já reprovou: "Não tem lugar para ele? Por que que ele não..." Começou a gritar na frente dos alunos. Eu falei: "Calma, ele me pediu ajuda" [...] Eu acho que ela podia chegar, perguntar, [não gritar]... A sala é minha, afinal de contas, eu é que estou lidando com ela.

Indagada se há supervisão na escola, Marilda, professora da quarta série, ri e diz: "Olha, eu vi duas vezes a supervisora vir aqui. Agora, o que se discute, não sei. Porque não entra na sua sala de aula. Para falar que não entrou na minha sala de aula, entrou no início do ano porque estava com vazamento, só para isso." Em outras palavras, Marilda informa que supervisão mesmo não existe. "E não é só aqui, não; é no geral."

Andreia, professora da terceira série, enfatiza a importância da assessoria externa, e diz que a escola precisa, sim, de supervisão: "Como é que posso ser uma professora que vai ensinar para a cidadania, se eu nunca aprendi isso?" Mas, perguntada se a supervisão aparece na escola, ela responde: "Contato com o professor, não, mas eu ouvi dizer que eles vêm aqui na secretaria. [...] Olham documentos, não olham [o pedagógico]. Talvez se tiver um documento meio bem diferentinho, eles vão até a professora, mas não sei."

Inês, secretária, tem uma impressão diferente das professoras a respeito da supervisora. E acha a supervisão muito boa, com relação às coisas da secretaria. "Da minha parte, todas as vezes que eu precisei [...] sempre esteve presente." Diz que, em comparação com as outras escolas onde trabalhou, as supervisoras são mais presentes na Escola Célia Cintra. Considerando que, por informação das educadoras, ela só vem duas vezes por ano, imagine nas outras escolas, então... De qualquer forma, esse depoimento de Inês parece confirmar, em parte, a alegação de outras depoentes de que a supervisão se interessa mais pelo burocrático.

6. Avaliação externa

Como toda atividade humana, a educação não apenas é suscetível de avaliação, mas tem a avaliação como elemento necessário de sua constituição.

A avaliação usualmente se dá em dois momentos. Primeiro: durante o processo de produção, a avaliação se faz presente imprescindivelmente, na medida em que, para o processo ter êxito no alcance do objetivo, é preciso avaliar ininterruptamente as atividades de sua realização, para que elas estejam de acordo com o projeto ou o caminho traçado para se chegar ao fim almejado. Segundo: diante do produto já pronto, é possível avaliá-lo para averiguar a sua qualidade, ou seja, em que extensão o produto é portador dos atributos e das características que dele se espera. Pode-se então falar, respectivamente, em avaliação *em processo* e avaliação *de produto*. [5]

Quando o produto é um objeto (um não sujeito) sua avaliação pode ser feita com total ou quase total independência em relação ao processo de produção. Por exemplo, um produto industrial, como uma geladeira ou um automóvel, pode ser avaliado objetivamente "descolado" de sua produção, bastando que se verifique suas características e se constate em

---

5. A rigor, há um terceiro momento que, na verdade, precede esses dois. Trata-se da avaliação (ou valoração) que se dá no momento que antecede o próprio estabelecimento do objetivo a ser alcançado, quando é *criado* determinado valor do qual derivará tal objetivo (essa derivação foi referida no capítulo 1). Não tratarei desse momento da avaliação aqui, pois estou supondo o objetivo já estabelecido.

que medida esse produto atende ao uso que dele se espera. Não se está dizendo que tal produto prescinda da avaliação em processo para ser produzido — produto nenhum prescinde dessa avaliação. Significa apenas que a avaliação do produto se torna independente de seu processo de fabricação.

Isso não tem validade, entretanto, quando o produto não é um simples objeto, mas um sujeito, como é o caso do produto da educação. Neste caso, a avaliação do produto torna-se extremamente problemática e só pode dar-se com relação a um número muito limitado de seus elementos constitutivos. Se o objetivo da educação escolar é a constituição da personalidade humano-histórica do estudante, ou melhor, daquela "porção" da personalidade que ela se propõe construir (já que a personalidade de um ser humano é, para todos os efeitos, sempre inacabada), uma avaliação completa do produto assim constituído terá por escopo a averiguação do conjunto completo da cultura por ele apropriada.

Parte dessa cultura poderá, ainda que de modo precário, ser verificada mais ou menos "objetivamente" ao final do processo. Estamos falando dos conhecimentos e informações que o educando adquiriu e que podem, em parte, ser avaliados por meio de uma prova ou exame em que se procura aferir, por meio de testes ditos objetivos ou perguntas abertas, em que medida ele reteve esses conteúdos. Mesmo sem considerar sua parcialidade, pois que cuida apenas de um dos elementos da cultura, esse tipo de avaliação será sempre precário porque — sem falar da relatividade dos valores ou ponto de vista de quem julga as respostas oferecidas — nunca se saberá se o conhecimento apresentado permanecerá para além do momento da prova ou exame ou se se extinguirá em breve tempo sem se incorporar verdadeiramente à personalidade do indivíduo.

Ademais, os exames, além de serem um recurso precário, só podem ser aplicados para aferir uma pequena parcela da cultura que supostamente compõe a personalidade do aluno educado, ou seja, os conhecimentos e informações. Mas educação não é apenas isso.

Como mediação para a apropriação histórica da herança cultural a que supostamente têm direito os cidadãos, o fim último da educação é favorecer uma vida com maior satisfação individual e melhor convivência social. A educação, como parte da vida, é principalmente aprender a viver com a maior plenitude que a história possibilita. Por ela se toma contato com o belo, com o justo e com o verdadeiro, aprende-se a compreendê-los, a admirá-los, a valorizá-los e a concorrer para sua construção histórica, ou seja, é pela educação que se prepara para o usufruto (e novas produções) dos bens espirituais e materiais. E tudo isso não se dá como simples aquisição de informação, mas como parte da vida, que forma e transforma a personalidade viva de cada um, nunca esquecendo que "cada um" não vive sozinho, sendo então preciso pensar o viver de forma social, em companhia e em relação com pessoas, grupos e instituições. A educação se faz, assim, também, com a assimilação de valores, gostos e preferências, a incorporação de comportamentos, hábitos e posturas, o desenvolvimento de habilidades e aptidões e a adoção de crenças, convicções e expectativas. (PARO, 2001a, p. 37-38)

Não se pode, por isso, quando se trata do produto educacional, contar apenas com a avaliação *de produto* propriamente dita. Esta precisa ser enriquecida com a avaliação *de processo*. Observe-se que, em virtude da especificidade da educação, bem como do processo educativo e de seu produto, a avaliação *em processo*, além de ser necessária para o êxito na confecção do produto, é chamada também a auxiliar na avaliação final, ou seja, na avaliação *de produto*. Explico. Enquanto um objeto qualquer *deixa-se* avaliar depois de pronto, o produto da educação, por ser sujeito, dotado de vontade, e em virtude das qualidades que o caracterizam, e que precisam, portanto, ser avaliadas, não pode ser avaliado pelos sistemas usuais de aferição de um objeto qualquer, nem pelas provas e testes utilizadas para aferir conhecimentos:

> [...] uma coisa, por exemplo, é responder positivamente a uma questão sobre a importância da participação política, ou dos aspectos deletérios da corrupção ou do preconceito racial; outra bastante diferente e muito mais complexa é desenvolver, na vida real, as convicções, as posturas e os comportamentos adequados a essas verdades. (PARO, 2001a, p. 38)

Sendo assim, a avaliação *de processo* não se aplica apenas com vistas ao sucesso da atividade educativa (embora isso não seja pouco), mas também tendo em mente a avaliação *de produto*, porque, na dificuldade de se avaliar o produto pronto, a partir do exame de suas qualidades, só resta *apostar* no processo pelo qual ele passou. Ou seja,

> embora não se possa colocar o ser humano em "situação de laboratório" para verificar se ele foi ou não bem educado, para saber se a escola foi produtiva (se teve ou não êxito em sua intenção de educá-lo convenientemente), é possível planejar e dispor os processos pelos quais se produz essa educação de uma forma na qual se possa apostar, com certa segurança, que se conseguirão os resultados desejados. (Paro, 2001a, p. 38)

Diante disso, a política educacional interessada na boa qualidade da educação escolar e portadora de uma visão de educação como apropriação da cultura, com vistas à formação de personalidades humano-históricas, procurará investir seus esforços na melhoria do processo de trabalho escolar, ciente de que é aí, no chão da escola, que se pode garantir a boa educação e permanentemente informar-se de sua qualidade.

José Pacheco, durante muitos anos professor na Escola da Ponte e um dos idealizadores de sua organização e funcionamento, é bastante contundente ao fazer a crítica ao sistema de provas tradicionais:

> Os alunos da Ponte obtêm excelentes desempenhos em provas nacionais e vestibulares. Porém, consideramos isso irrelevante. Um vestibular — à semelhança de outros absurdos — nada avalia. Lamentamos que os ministros reconheçam a falibilidade do vestibular, mas se limitem a introduzir tímidas operações de cosmética, não o extinguindo, e alimentando a indústria do cursinho. Uma prova é um mero instrumento de discriminação, de seleção arbitrária, até mesmo de exclusão escolar e social. E, se outra razão não houvesse para acabar de vez com as provas, uma razão se imporia. Associada à ideia de prova, há sempre a probabilidade de utilização de "cola". Para cada sala de exame que se preze, são escalados professores que, supostamente, são a garantia de que os examinados não "colam". Os "vigilantes" partem, pois, do pressuposto de que todo aluno é, até prova em contrário, potencialmente desonesto. Haverá princípio mais antipedagógico que este? (Pacheco, 2009, p. 2)

Em outro momento, ao fazer a crítica à escola tradicional e a seu sistema de provas, o mesmo autor realça a importância da avaliação contínua, durante todo o processo de ensino:

> Na Ponte, cada aluno avalia-se quando quer. Quando alcança o domínio de uma destreza, quando adquire um conteúdo, manifesta essa aquisição. Quando atinge um objetivo, quando conclui uma pesquisa, partilha as descobertas. Por essa razão, não faz qualquer sentido a avaliação simultânea de dois ou mais alunos. Também não faz sentido aplicar prova. Na dita "escola tradicional", os rituais a que dão o nome de prova (e que nada provam) são meros exercícios de violência simbólica. E as classificações que neles se baseiam são, também, tão pouco rigorosas quanto inúteis. Por essa razão, não afixamos classificações que comparam alunos. E fundamentamos junto ao ministério essa decisão. Que me perdoe o leitor a presunção, mas o ministério nunca contestou a nossa argumentação. (PACHECO, 2009, p. 2)

Do que vimos até aqui, portanto, a avaliação por meio de exames ou provas, durante o processo ou após seu término, é uma das alternativas mais pobres para se medir a eficácia do ensino, especialmente quando utilizada isoladamente. Sua validade se torna mais duvidosa ainda quando se trata da escola tradicional vigente, que não oferece motivações intrínsecas à atividade de ensino-aprendizado, tornando-a enfadonha e levando o educando a emprestar seu esforço apenas para "livrar-se do estudo", como vimos anteriormente, o que resulta numa atitude defensiva de estudar a "matéria", ou memorizá-la, apenas nas vésperas dos exames, comprometendo consideravelmente a retenção dos conteúdos envolvidos.

Além de insuficiente como indicador da qualidade da educação, pois se presta a aferir (precariamente) apenas um dos elementos da cultura, os exames e provas podem ser também bastante nocivos para a própria qualidade da educação, particularmente quando eles passam a ser o balizador de todo um sistema de ensino. Não só o aluno passa a estudar apenas para passar de ano ou receber o diploma, mas o objetivo da escola passa a ser, não educar e formar cidadãos, mas obter altas pontuações nos sistemas oficiais de avaliação externa.

De outro lado, os tomadores de decisão nos altos cargos dos sistemas educacionais também pautam suas "políticas" na busca de melhores pontuações, confiando na importância desses sistemas de "avaliação" externa, e pressionando as autoridades escolares a agirem de acordo com o ideal de superar as pontuações ínfimas verificadas. Assim, do alto de seu desconhecimento do fato educativo, e em sua ambição (e ilusão) de conseguir melhor desempenho nas provas, tomam medidas e implementam projetos com o claro objetivo de "treinar" as crianças a responderem corretamente os testes. Na escola pesquisada, tive a informação de que o material "pedagógico" enviado pela Secretaria da Educação tinha o objetivo de preparar as crianças para responderem a perguntas e exercícios do Saresp. Em síntese, o que acaba pautando a educação escolar não é o objetivo de construir personalidades, mas de formar seres que respondam adequadamente a esses exames. Se a maior parte deles, no futuro, só guarda uma parte insignificante desse conteúdo, como aliás acontece, pouco importa, do ponto de vista dos formuladores de políticas educacionais.

O esforço que o Estado não despende em supervisão e apoio pedagógico à escola parece que ele "compensa" despendendo-o em "avaliação" externa. Assim, a sanha "avaliacionista" que tomou conta das políticas públicas federal, regionais e locais dos últimos anos conseguiu apropriar-se do que há de pior em termos de avaliação na escola tradicional e disseminá-lo a todo o país, como se fosse a salvação da educação. A mídia, de modo geral, os poderes governamentais e boa parte dos analistas de políticas educacionais, quase sempre que tocam no assunto da escola pública, o fazem "ancorados" nos dados de "indicadores" da qualidade da educação pública, tanto nacionais (como Saeb, Prova Brasil) quanto regionais (como o Saresp, no estado de São Paulo).

O fato curioso (e muito preocupante) é que esse assunto passou a dominar a pauta do ensino no país de tal maneira que a discussão sobre educação escolar e política educacional parece "movida" pelos dados divulgados pelos órgãos responsáveis pelos exames externos, intensificando-se ou arrefecendo-se de acordo com o surgimento ou a entressafra de novos dados. Isso ocorre como se não houvesse uma enorme multiplicidade de desafios e problemas educativos à espera de discussão e enca-minhamento. Mais uma vez, é de se perguntar até que ponto não é a ig-norância sobre a educação e sobre sua complexidade e riqueza que leva boa parte das pessoas ligadas à política educacional a restringir-se a dados estatísticos muitas vezes questionáveis quanto a seus significados.

Alfred North Whitehead, para quem "um sistema de exame externo comum é fatal para a educação" (WHITEHEAD, 1969, p. 21), ao falar sobre um processo de ensino que se veja livre das "ideias inertes", é bastante incisivo sobre o caráter deletério dos exames externos. Diz ele:

> O melhor processo dependerá de diversos fatores, nenhum dos quais pode ser negligenciado, a saber o talento do professor, o tipo intelectual dos alunos, suas perspectivas na vida, as oportunidades oferecidas pelo am-biente imediato da escola e fatores correlatos dessa espécie. *É por essa razão que os exames uniformes externos são tão perniciosos*. Nós não os denunciamos por sermos fantasistas e gostarmos de denunciar as regras estabelecidas. Não somos assim tão infantis. Naturalmente, tais exames também têm sua utilidade para testar a negligência. A razão de nosso desprazer é muito definida e muito prática. *O sistema destrói a melhor parte da cultura*. Quando se analisa sob o ponto de vista da experiência a tarefa central da educação, descobre-se que seu desempenho feliz depende do ajustamento delicado de muitos fatores variáveis. *A razão é que estamos tratando com mentes huma-nas e não com matéria morta*. A evocação da curiosidade, do critério, do poder de dominar um complicado emaranhado de circunstâncias, o uso da teoria ao fazerem-se previsões em certos casos — todos esses poderes não devem ser comunicados por uma regra fixa incluída num programa de matérias de exame. (p. 17; grifos meus.)

O que usualmente se ouve dizer é que alguma coisa esses exames avaliam, e, em virtude da magnitude dos problemas da escola, acabam chamando a atenção para o fraco desempenho do ensino público em geral. Uma representante da Secretaria Municipal de Educação de Ara-caju, ouvida na pesquisa, menciona esse aspecto ao afirmar que as ava-liações externas, ao existirem, vieram dar importância à educação, inde-pendentemente de tais avaliações serem adequadas ou não. Diz ela que a divulgação desses indicadores, por si só, já veio balançar muito a escola. Aqui na nossa realidade veio balançar muito. Pela primeira vez, eu vejo pessoas, gestores, que nunca estavam preocupados com isso, estão preocupados [...] em melhorar o nível de aprendizagem do seu aluno... Ver que a escola não pode estar preocupada apenas com almoxarifado, com merenda, etc., que as questões administrativas não podem se sobrepor às condições pedagógicas [...] Às vezes eu mesma coloco para eles: a gente se envolve tanto na burocracia, nos problemas administrativos, que a gente termina deixando um pouco o pedagógico de lado.

Tudo bem que uma profissional sensível, como se mostrou a representante da Secretaria de Educação de Aracaju, pense dessa forma e procure maneiras de implementar reformas no sistema de ensino. Entretanto, de modo geral, não é isso que tem acontecido. Antes de tudo, não parece serem necessários programas de tão grandes dimensões — consumindo verbas vultosas que poderiam ser aplicadas na melhoria do ensino — para perceber a atual situação de nossas escolas. Se não fossem os inumeráveis estudos de toda ordem a denunciar essas mazelas, bastariam algumas visitas com pequenas permanências em alguns estabelecimentos de ensino do sistema e a vivência de seu cotidiano, dentro e fora da sala de aula, para conscientizar-se dos múltiplos problemas aí existentes. Além disso, a divulgação dos indicadores parece não ter movido as autoridades educacionais no caminho correto, pois, em lugar de oferecerem melhores condições de trabalho ou de introduzirem mudanças na maneira de ensinar, os sistemas de ensino, em geral, têm reduzido seus programas de governo praticamente à implementação de mais "avaliações" externas, estabelecendo metas irrisórias de aumento das pontuações e, mesmo assim, não conseguindo vê-las efetivadas.

Na escola pesquisada, pôde-se perceber o impacto das avaliações externas na opinião dos entrevistados. De modo geral, houve críticas à medida, mas algumas pessoas posicionaram-se positivamente em relação a ela. Na verdade, a concordância é muito mais com a necessidade de avaliação do que com os sistemas existentes em si. Vanessa, professora da segunda série, acha que o Saresp consegue fazer alguma coisa em termos de avaliação. Márcia diz que fazer a avaliação externa "é bom, sim". A escola é que tem de usar os resultados para tentar melhorar seu desempenho.

Já Elaine, professora da primeira série, acha que as avaliações externas não estão muito preocupadas com o que o aluno aprende. Diz que, talvez, agora com o Programa Ler e Escrever se consiga melhorar alguma coisa e ter sentido a avaliação do Saresp. Depois de apresentar o "Ler e Escrever", Elaine conclui: "Então, eu acho que quando você investe, você tem que cobrar um pouco, né. Mas quando não há nada para oferecer, nada de concreto para você trabalhar, eu acho que essas provas ficam mesmo para eles terem os números deles, para eles provarem alguma coisa..."

Por sua vez, a coordenadora pedagógica Vera Sanches é taxativa em sua oposição ao Saeb: "Aliás, agora em maio, minha segunda série vai fazer o Saeb, que é uma prova tradicional, horrorosa, chata e que não mede nada". Diz que o Saeb era feito nas quartas séries e agora é feito para as segundas séries também[6]. Segundo Vera Sanches, a E. E. Célia Cintra ficou em segundo lugar em Matemática, no Saeb.

Inês, secretária, diz: "Eu não sei... Para mim, eu acho que é um pouco de enganação." Reclama que existem metas, bônus, etc. só para o professor, mas para o funcionário não, "porque o nosso bônus é realmente irrisório". Ao fazer a crítica do Saeb, Saresp e Prova Brasil, Inês demonstra uma lucidez que talvez falte a nossos administradores da educação. "O professor, naquela semana que vai ter a prova, ele vai se dedicar, a criança vai estar ali condicionada, tem que acertar todas aquelas bolinhas, tudo bonitinho. Mas será que realmente ela sabe, ela está aprendendo?"

A auxiliar de professora Antônia acha que as avaliações do tipo Saresp e Saeb são o único modo que o Estado tem de averiguar a qualidade da

---

6. Vera Sanches (e outras professoras), às vezes, chamam genericamente de Saeb as avaliações externas feitas pelo Instituto Nacional de Estudos e Pesquisas Educacionais Anísio Teixeira (Inep). As avaliações do Saeb, de caráter amostral, são aplicadas nas primeiras e quartas séries do ensino fundamental, além de no terceiro ano do ensino médio. Nesta fala, Vera Sanches pretende se referir à Provinha Brasil, que é realizada nas segundas séries do ensino fundamental e que, como a Prova Brasil, que se aplica nas quartas e oitavas séries do mesmo nível, são aplicadas em todas as escolas urbanas do país com mais de vinte alunos. Para mais informações, consultar a página do Inep na Internet: <http://www.inep.gov.br>. Para uma visão crítica da Provinha Brasil, veja-se o excelente artigo de Maria Teresa Esteban (2009).

educação. Mas diz que há escola, ou professores, que burlam os exames. "Porque tem muita avaliação que o professor ajudou. Não aqui nesta escola. Não soube disso não. Mas eu tenho colega que trabalha que [fez] todinha a avaliação do menino."

Sobre as avaliações externas, diz Andreia, professora da terceira série: "Eu acho que não está na realidade. Nós estamos trabalhando de uma forma e isso vem de uma outra forma. Às vezes, o aluno diz assim: 'não sei'. Mas não é que não sabe. Para nós, nós que estamos [trabalhando de outra forma]." Diz que, agora, com o novo sistema, a Escola Célia Cintra está procurando se adequar ao Saresp, seguindo a orientação da Secretaria da Educação. Mas reafirma: "Eu acho que está um pouco fora da real."

Raquel, a diretora, acha importante uma prova externa. Mas não concorda com *rankings*, etc. Diz que a Diretoria de Ensino manda o *ranking* das escolas, com que ela não concorda. Acha que cada escola deve ter o seu resultado, mas não se deve divulgar para todo mundo. Isso seria antiético. Diz que concorda com as expectativas de aprendizagem que se têm com relação às escolas. E que se faça uma prova externa, porque é importante uma avaliação por quem está fora da escola. Avaliação do aluno, do professor e do sistema. Mas acha ridículo o *ranking* de escolas. Com base nesse *ranking*, a Secretaria da Educação deverá dar um bônus para as melhores escolas, ou seja, para as escolas que alcançarem as expectativas da Secretaria.

Não se precisa realçar a perversidade dessa medida. Primeiro porque ela parte de um diagnóstico falso, o de que o problema da escola reside apenas na capacidade e no empenho dos professores. Na verdade, existem inúmeros outros fatores, a maioria deles fora do alcance do pessoal escolar: número absurdo de alunos por sala, más condições objetivas da escola (prédio inadequado, falta de material de limpeza, carteiras em más condições, etc.), falta de material escolar, falta de assessoria pedagógica, falta de professores em várias disciplinas, etc. Acontece que esses problemas e sua magnitude variam de acordo com a população usuária. Nos bairros e locais em que a população é menos desprovida de recursos, mais letrada e com maior acesso a informações relevantes, os usuários tendem a ter maior poder de reivindicação, conseguindo neutralizar em alguma medida os problemas apontados. Por esse motivo — e também em virtude da melhor preparação que os filhos dessas camadas já trazem de casa e que facilitam seu desempenho escolar — essas escolas tendem a ter algum progresso em seu esforço adicional ou a ter resultados melhores do que as escolas com piores condições de trabalho, mais abandonadas pelo poder público e que, por isso, deveriam ter prioridade na melhoria de atendimento. São precisamente estas últimas que serão punidas por seu mau desempenho e que não receberão os "bônus"[7] que as menos necessitadas recebem, contribuindo, assim, para aumentar a diferença entre os dois infortúnios.

Em síntese, no que diz respeito à questão didática, a atual estrutura da escola fundamental, porque concebida e sustentada à luz da pedagogia tradicional, não favorece uma educação enquanto construção de personalidades humano-históricas. Ao buscar "transmitir" *só* conhecimentos, ignorando a necessidade da articulação destes com a cultura em seu sentido amplo, nem mesmo esse tímido propósito a escola consegue realizar, porque abre mão do verdadeiro esteio da didática, ou seja, a condição de sujeito (senhor de vontade) do educando, que não é algo natural, mas componente da cultura que deve ser apropriada no processo de aprender. Os equívocos identificados na forma ultrapassada de organizar didaticamente as atividades escolares, com classes seriadas e ensino verbalista, na insuficiente supervisão pedagógica e na inadequada avaliação do aproveitamento de estudantes e do desempenho de mestres evidenciam a falta de uma estrutura da escola que favoreça o emprego de formas de ensinar em consonância com os avanços didáticos e metodológicos tornados possíveis pelo atual estado de desenvolvimento da Pedagogia.

---

7. Não deixa de soar um pouco à hipocrisia chamar de "bônus" aquilo que deveria compor um salário justo, que o Estado sonega e depois repõe (em parte) apenas para alguns.

Capítulo 4

A Estrutura da Escola e as Questões Curriculares

O currículo é um dos aspectos que mostram mais enfaticamente como a escola tradicional tem privilegiado uma dimensão "conteudista" do ensino, que enxerga a instituição escolar como mera "transmissora" de conhecimentos e informações. Daí a relevância de se pensar em sua reformulação numa perspectiva mais ampla que contemple a formação integral do educando. Certamente, não se pode contestar a importância dos conteúdos das disciplinas tradicionais (Matemática, Geografia, História, Ciências, etc.), que são imprescindíveis para a formação humana e não podem, sob nenhum pretexto, ser minimizados. Todavia, conteúdos como a dança, a música, as artes plásticas e outras manifestações da cultura são igualmente necessários para o usufruto de uma vida plena de realização pessoal. "As questões relacionadas com a ética, a política, a arte, o cuidado pessoal, o uso do corpo e tantos outros temas relacionados ao viver bem das pessoas e grupos não podem constituir apenas 'temas transversais' a compor versões escritas de currículos, mas transformar-se em temas *centrais* na prática diária das escolas" (PARO, 2007, p. 113-114).

Essas matérias que envolvem o uso do corpo, a criatividade, o manuseio de objetos concretos, opiniões individuais, posturas diante de valores, enfim, matérias que levam os educandos a se comportarem mais explicitamente como sujeitos, são importantes não apenas por seu valor intrínseco de componentes da cultura que precisam ser apropriados, mas também porque elas tendem a tornar mais interessantes as demais matérias, especialmente quando com estas se relacionam, tornando o aprendizado mais prazeroso e levando os estudantes a assumirem o estudo de todos os conteúdos como algo que enriquece suas vidas e faz parte constitutiva de seu cotidiano.

É por isso que afirmo que, ao se propor a oferecer tão pouco (conhecimentos e informações), a escola tradicional nem esse pouco consegue proporcionar. É que as informações e os conhecimentos usualmente só ganham interesse por parte do educando se estiverem no contexto de toda a cultura. Não se pode esquecer que os valores (querer aprender, por exemplo) são componentes culturais.

Quando se trata das questões de currículo, não convém nunca deixar de associar conteúdo e forma de ensinar. Se a condição para o educando aprender é que ele seja sujeito, então, por mais abstrato e complexo que seja determinado conteúdo cultural (conhecimento, valor, arte, etc.), o aluno só aceita o convite do educador para apropriar-se dele se se fizer autor, ou seja, ele só aprende na forma de quem age orientado por sua vontade. E isso não é uma questão apenas teórica, mas prática. Corolário disso é que o educador também não pode ser um mero repetidor de conteúdos, mas deve buscar a forma mais adequada para criar no educando a vontade de aprender. Como vimos, é nisso que tem investido toda a Didática, historicamente: criar métodos, técnicas, procedimentos, que produzam no aluno a vontade de aprender. Essa questão da associação entre forma de ensinar e conteúdo que se ensina se torna ainda mais proeminente quando não se trata apenas de conhecimentos a serem adquiridos, mas de valores e posturas a serem assumidos. Não se pode, por exemplo, ensinar democracia com base em formas autoritárias de ensinar. É nessas situações que mais claramente se percebe que, em educação, *a forma é conteúdo.*

Quando se fala de formas de ensinar que favoreçam a vontade de estudar do educando, é bom não se esquecer de que esse princípio não se restringe a uma relação entre professor e aluno dentro de uma sala de aula. É a escola inteira que deve ser motivadora; portanto, é a escola toda que deve se tornar educadora. A esse respeito, o enriquecimento do currículo não pode se restringir a mero acréscimo de disciplinas a serem estudadas, mas a uma verdadeira transformação da escola num lugar desejável pelo aluno, onde ele não vá apenas para preparar-se para a vida, mas para vivê-la efetivamente. Assim, ele não é mero "cliente" de uma sala de aula, mas cidadão de toda uma escola que lhe propicia condições de participar de variadas atividades, no grupo de dança, no coral, no clube de ciências, no conjunto musical, no grupo de teatro, na roda de capoeira, etc.

Assim concebida, a escola é um lugar que deve fazer parte da vida das crianças, não provocar sua negação. Não deixa de ser desalentador perceber o quanto nossa escola tradicional tem negado esse princípio. Basta contemplar o mito de que ensino não pode misturar-se com brincadeira, bastante presente no imaginário de nossos professores da escola fundamental, para se ter a dimensão dessa verdadeira negação da escola como local onde se constroem personalidades humano-históricas. Esse mito, já mencionado no capítulo anterior, se sintetiza no esforço que às vezes se percebe em professores do primeiro ano do ensino fundamental que, desde o primeiro dia de aula, procuram convencer as crianças vindas da escola de educação infantil de que a escola, diferentemente da pré-escola, não é lugar de brincar, mas de estudar... (PARO, 2001b, p. 123-126) Imagine-se a situação de crianças pequenas — para quem a alegria de viver se resume, em boa parte, em brincar — ver-se privada disso. Como é possível ensinar para alunos cuja forma privilegiada de fazer-se sujeito é o brincar, se se lhes proíbe essa atividade? É como se fosse possível aprender sem ser sujeito. É como se vivêssemos um tempo em que a Didática ainda não tivesse descoberto a importância do lúdico na aprendizagem. Hoje, com o avanço dos conhecimentos na Pedagogia, continuar repelindo a brincadeira como adversária do ensino implica cortar pela raiz a possibilidade de fazer da escola uma verdadeira casa de educação, o que aponta mais uma vez para a relevância de se estudarem alternativas de transformação do currículo da escola fundamental, tanto no conteúdo quanto na forma.

1. A cultura como matéria-prima do currículo

Falar do currículo da escola fundamental é falar do conteúdo do ensino, mas de uma forma mais ampla do que usualmente se entende. Os "conteudistas" reduzem o conteúdo aos conhecimentos e informações que são (pretensamente) "transmitidos" pela escola. Todavia, se educação é formação de personalidades humano-históricas, o seu conteúdo tem a ver com a cultura em seu sentido pleno: conhecimentos, informações, valores, crenças, tecnologia, ciência, arte, filosofia, direito, etc., ou seja, tudo aquilo que é criado pelos homens, por contraposição à natureza, que existe independentemente de sua ação e vontade. De acordo com Whitehead (1969, p. 13), "fragmentos de informações nada têm a ver com [cultura]. Um homem meramente bem informado é o maçante mais inútil na face da terra."

O conceito de cultura, nesse sentido mais amplo, tem relação com o significado que lhe dá, por exemplo, Lourenço Filho, para quem,

> a palavra *cultura* [...] designa a soma total das criações humanas, ou o resultado organizado da experiência de um grupo qualquer, num dado momento ou momentos sucessivos. Inclui instrumentos, habitações, armas, todos os bens de produção existentes no grupo, como os processos de sua utilização; e ainda tudo quanto esse grupo tenha elaborado na forma de atitudes e crenças, ideias e opiniões, códigos e instruções, arte e ciência, organização social e filosofia de vida. Uma cultura se constitui, pelo que se vê, de elementos *materiais,* e *não materiais,* ou simbólicos. (Lourenço Filho, 2002, p. 198; grifos no original.)

A primeira consequência da consideração da cultura como conteúdo do ensino é que a estrutura curricular está necessariamente associada à estrutura didática. Ou seja, o primeiro conteúdo do currículo é precisamente a forma de ensinar, visto ser no contexto da cultura que se forjam os conhecimentos, técnicas, objetos e valores presentes na relação pedagógica. Nessa perspectiva, ao tratar da estrutura didática, no capítulo anterior, estávamos, na verdade, falando sobre um dos componentes da estrutura curricular. Ao educar-se, o estudante, ao lado de todos os demais elementos da cultura (conhecimentos, valores, etc.), incorpora os valores que dão forma à maneira de essa cultura ser ensinada, pela simples razão de os valores não serem "passados" apenas por palavras, regras ou recomendações, mas principalmente pela conduta assumida na relação.

Como vimos no capítulo anterior, a relação pedagógica, para fazer-se eficientemente, exige uma forma democrática de relacionamento. Mas, ao fazer-se conteúdo do ensino, essa forma não é assimilada pelo educando apenas como forma de ensinar e aprender. Para além disso, em sua personalidade vão-se incorporando valores de cunho universal relacionados à forma democrática de convivência entre humanos, ou melhor, entre cidadãos. Como se vê, esse componente político[1] presente na educação como prática democrática é ingrediente curricular fundamental na formação de personalidades livres e autônomas.

Lamentavelmente, esse componente curricular não tem recebido a devida atenção por parte dos formuladores de currículos e programas para o ensino fundamental. Se fosse valorizado, a primeira questão que viria à tona seria a consideração do caráter democrático da personalidade do educador escolar, especialmente do professor, e de sua capacidade de exercitar essa condição na interação com o educando. A importância desse fator decorre do fato de que a incorporação de valores — e das condutas que estes favorecem — não se sustenta em palavras e preceitos, como comumente se supõe. A relação pedagógica como relação entre sujeitos supõe que o educando, para aprender, seja levado a aplicar sua vontade, como autor, no processo de aprendizado; e que o educador, para ensinar, seja *verdadeiro* na apresentação de determinado componente cultural, ou seja, que ele reconheça e aceite o valor desse elemento e, como sujeito, aplique sua vontade no ensino de tal conteúdo. Esta é uma condição necessária para que o educador possa levar o educando a fazer-se sujeito e aprender. Em consequência, para dar conta do oferecimento da democracia como componente curricular, é preciso que o educador *queira* ser democrático e *seja capaz de agir* democraticamente.

---

1. Conforme assinalei no Capítulo 1, estou tomando o conceito de política em seu sentido geral de "atividade humano-social com o propósito de tornar possível a convivência entre grupos e pessoas, na produção da própria existência em sociedade" (Paro, 2002, p. 15).

Acontece que a formação dessa "personalidade democrática" do educador escolar não se faz inteiramente por meio dos livros e dos cursos de Pedagogia e outros de formação de professores. O essencial dessa formação é constituído muito antes de o jovem chegar ao ensino superior, sendo de particular importância o tipo de educação que ele recebe durante o ensino fundamental. Aqui, em pleno período de seu desenvolvimento biopsíquico, o indivíduo é exposto a relações sociais que marcam indelevelmente sua personalidade. As crenças, os valores, as visões de mundo e os modos de conduta incorporados durante os primeiros períodos de vida muito dificilmente serão apagados ou substituídos na idade adulta. É por isso que o professor do ensino fundamental de hoje, em geral, é muito mais um replicador das relações pelas quais ele passou no ensino fundamental do que aplicador dos conhecimentos, princípios e métodos com que teve contato em sua formação docente. Assim, se levarmos em conta o caráter autoritário das relações vigentes na escola que esse professor frequentou quando jovem, não é difícil imaginar sua conduta de hoje com seus alunos. Herbart, em sua *Pedagogia geral*, denota rara intuição ao identificar esse processo. Ao mencionar a comum dissociação entre a intenção e o êxito em educação, acrescenta um caso que nega essa dissociação, dizendo:

> Às vezes, é claro, [a intenção e o êxito] correspondem-se de tal maneira que a pessoa que recebeu a educação se coloca mais tarde na vida no lugar do seu educador, *fazendo sofrer os seus educandos precisamente aquilo por que ele passou*. O modo de pensar é aqui o mesmo que na juventude e que foi formado pela experiência quotidiana, com a diferença de que o lugar incômodo foi trocado pelo mais cômodo. *Aprende-se a dominar, obedecendo*. Já as crianças pequenas tratam as suas bonecas exatamente da mesma maneira como são tratadas. (HERBART, 2003, p. 17-18; grifos meus.)

Em estudo que verificava as razões do apego de educadores ao emprego da reprovação escolar, pude constatar a força da escolaridade pregressa em professores do ensino fundamental, por meio daquilo que denominei "determinantes psicobiográficos" da propensão à reprovação (PARO, 2001b, p. 88-98). Pude então constatar como um ensino de caráter punitivo e que desconsidera a subjetividade do educando "parece levar os professores de hoje a reproduzirem, com seus alunos, a forma como foram tratados, quando estudantes, por seus mestres" (p. 89).

A importância determinante, para a educação, dos atributos políticos (autoritários ou democráticos) incorporados na personalidade de cada professor do ensino fundamental deve levar à constatação de que tais atributos, de uma forma ou de outra, são parte integrante do currículo escolar. E a estratégia adequada para dotar o ensino de bons professores no que diz respeito a esse quesito não pode restringir-se à melhoria da formação profissional nos cursos superiores de Pedagogia e assemelhados, porque o mais determinante dessa "formação" já se deu quando o futuro professor frequentava a escola fundamental. Em vista disso, para as gerações futuras cumpre melhorar a educação que é oferecida hoje em nossas escolas fundamentais, porque é aí que, predominantemente, se pode formar a personalidade democrática dos professores de amanhã. Mas para as gerações atuais, tanto quanto para a melhoria dessa educação visando a gerações futuras, o caminho mais curto é a formação *em serviço* das dezenas de milhares de professores que hoje operam no ensino fundamental.

Uma formação em serviço que logre produzir mudanças consistentes nas condutas políticas dos professores de hoje, de modo a tocarem em suas próprias personalidades, precisa superar a atual maneira pontual e anárquica que tem preponderado nos "programas" de formação em serviço e "formações a distância" vigentes. Para isso, é preciso que a estrutura mesma da escola seja transformada, de modo a incluir em sua prática cotidiana momentos de estudo, de leitura, de discussão, de trocas de experiências e de práticas coletivas, visando à melhoria da prática pedagógica.

Ao enfatizar a importância da forma em sua dimensão de conteúdo do currículo escolar, não se está querendo dizer que os conhecimentos e informações constantes das disciplinas escolares não sejam importantes. Ao contrário, eles são tão importantes que é preciso providenciar uma forma de ensiná-los que produza sua real apropriação.

Mas, além dessa preocupação com uma forma de ensino que provoque sua efetiva realização, outro aspecto relacionado aos conhecimentos incluídos no currículo escolar refere-se à natureza mesma desses conhecimentos. A esse respeito, é comum ouvir-se falar da necessidade de um conteúdo do ensino que seja crítico e que favoreça a consciência política dos educandos. Não há dúvida de que o conhecimento deve ser crítico, se com este termo estivermos entendendo a superação de uma visão ingênua do mundo. Neste sentido, é crítico todo conhecimento que esteja comprometido com a verdade. Isto vai contra a crença de que a forma por excelência de o ensino se fazer crítico é selecionando os conhecimentos que tragam explicitamente uma intenção política de conscientização. Segundo esse ponto de vista, o caráter crítico do ensino estaria presente apenas naquelas disciplinas que veiculam explicitamente valores ou posturas políticas, como a história, a sociologia e outras disciplinas do campo das Ciências Humanas. Muito embora não se possa menosprezar a importância dessas disciplinas — e não se deva descartar determinado conteúdo curricular por ele ser explicitamente político — o componente crítico deve estar presente não apenas em todo conhecimento veiculado pelas disciplinas, mas também em toda cultura que venha a compor o currículo escolar.

Por mais "neutra" que possa parecer uma disciplina como a Matemática, por exemplo, não é enxertando questões sociais nos exemplos de problemas matemáticos, como muitos acreditam, que se propiciará um aprendizado mais crítico. A Matemática continuará contribuindo para inibir o espírito crítico se continuar sendo ensinada de maneira "bancária" (FREIRE, 1975), em que as regras e algoritmos são memorizados sem nenhum questionamento ou descoberta por parte do educando, ou seja, se os conhecimentos forem apenas "revelados" pelo professor, e aceitos passivamente pelo aluno. É preciso precaver-se contra aquilo que Whitehead chama de "ideias inertes", isto é, "ideias que são simplesmente recebidas pela mente sem que sejam utilizadas ou testadas ou mergulhadas em novas combinações" (WHITEHEAD, 1969, p. 13). A criança que hoje é levada a aceitar passivamente um algoritmo ou uma regra sem compreender seu funcionamento, com base apenas na autoridade do professor ou da escola, tenderá a ser o mesmo indivíduo que, na vida adulta, aceitará preconceitos e injustiças sociais, também passivamente, sem perguntar seu significado e razão de ser.

Michel Lobrot, em sua crítica à escola, afirma que esta "não exerce quase nenhuma influência no saber e na capacidade dos adultos pois tudo o que ensina é em grande parte esquecido", mas considera que ela "pode desviar definitivamente o jovem de toda pesquisa intelectual, de toda curiosidade, de toda colaboração efetiva com os outros, se ela instila um fastio insuperável e mantém uma mentalidade de competição e de respeito formal aos mestres" (LOBROT, 1977, p. 107).

O cuidado com a formação do jovem, de modo a que ele não se torne, quando adulto, um simples repetidor de "conteúdos" (leia-se: conhecimentos e informações) é uma preocupação que sempre esteve presente na História da Educação. Tal cuidado estava presente até mesmo no método dos jesuítas que, apesar de não contar com os avanços atuais da Pedagogia, já enfatizava a importância da formação, pela escola, de indivíduos que não fossem meros acúmulos de conhecimentos, mas que soubessem refletir e apreciar a cultura. O padre Leonel Franca, um de seus defensores, assim se manifesta a respeito dessa questão, interpretando o modo de pensar da *Ratio Studiorum*:

> Os conhecimentos positivos de geografia ou de física poderão estar antiquados no cabo de poucos lustros; o raciocínio seguro, o critério na apreciação dos homens, a capacidade de expressão exata, bela e enérgica de uma alma harmoniosamente desenvolvida representam aquisições humanas de valor perene. (FRANCA, 1952, p. 83-84)

Entre nós, entretanto, o que chama a atenção é precisamente a ausência dessa preocupação por parte das políticas públicas. Nossos currículos parecem constituir um enorme rol de conhecimentos a serem armazenados nas cabeças dos estudantes. A esse respeito, as palavras de George Gudsdorf são bastante atuais e, apesar de se referirem ao sistema francês na década de 1960, aplicam-se sob medida ao Brasil de hoje:

> [...] a partir da idade de 6 anos, quando se inicia seriamente a aprendizagem da leitura e da escrita, a criança francesa torna-se a presa de um sistema cujo único ideal é empanturrar cérebros sem levar em conta o *essencial desenvolvimento equilibrado da personalidade*. Os únicos elementos importantes

da vida escolar são os programas, as notas, os exercícios, as classificações e, coroando tudo isso, os exames. Tanto que todo o ensino francês parece se reduzir a um gigantesco empreendimento de alienação mental. (GUDS-DORF, 1987, p. 37; grifos meus.)

Nos dias atuais, tornou-se quase sagrado o mito da "sociedade do conhecimento" e da necessidade de adequar-se a ela. A estratégia preferida para proceder a essa adequação parece ser a aquisição da maior quantidade possível de informação. A reflexão, a criatividade, o espírito crítico, a capacidade de raciocínio e a aptidão para o julgamento são relegados a um plano inferior, e a escola passa a ser valorizada quase só na medida de sua capacidade de fornecer informações. A crítica a essa preocupação apenas com a chamada "instrução", em detrimento do cuidado com a formação integral do cidadão, pode ser feita por meio das palavras lúcidas de A. Carneiro Leão (1953). Após afirmar que "nada retrata melhor um povo do que seu sistema de educação", e que "o modo de ser de cada época influi na organização dos sistemas educacionais de cada povo" (p. 205), ele afirma:

> Tais conclusões desautorizariam, se os fatos já se não tivessem encarregado de fazê-lo, a afirmativa de que a instrução é a grande panaceia universal. Afirmou-se por muito tempo: abrir escolas é fechar prisões. Se perguntássemos, porém, quantas prisões as escolas fecharam, nenhuma estatística seria capaz de dizê-lo. *A alfabetização pura e simples nada tem feito de construtivo.* Se todos os que aprendessem a ler atendessem a seus interesses vitais, obtivessem adaptação a seu meio social e não lessem senão ideias construtoras, a alfabetização só por si seria um programa excelente. De nada vale, entretanto, se os espíritos continuam virgens, se se guardam intactos em sua feição primitiva. Alfabetizar o indivíduo sem fazê-lo crescer, aperfeiçoar-se individualmente, ter consciência de seu papel social, de seus deveres, de seus direitos, de suas responsabilidades e de suas obrigações, na comunidade e para a comunidade, é dar-lhe um instrumento cuja prática pode ser mais prejudicial do que benéfica. (LEÃO, 1953, p. 205; grifos meus.)

A adoção de uma concepção de currículo que não se baste no rol de conhecimentos a serem apropriados, mas que contemple também as demais dimensões da cultura, implica considerar pelo menos três tipos de providências relativas a sua concretização: uma seleção de conteúdos, uma articulação entre os vários tipos de conteúdos e uma adequação estrutural da escola com vistas a essa nova concepção de currículo.

No primeiro caso, há que se selecionar, por um lado, os conhecimentos relevantes, nas diversas áreas do saber e das ciências, que comporão as matérias ou disciplinas escolares (Matemática, Língua Portuguesa, História, Filosofia, etc.) e, por outro, os novos componentes curriculares relacionados à arte (música, dança, teatro, artes plásticas, etc.), ao artesanato, ao folclore, ao esporte, ao domínio do corpo, à saúde, etc. Certamente, o princípio prevalecente nessas escolhas deve ser o da busca de uma síntese possível do conteúdo de cada área, e uma ordenação que leve em conta cada fase ou ciclo de desenvolvimento curricular, de modo a propiciar condições de novos avanços e aprofundamentos em cada conteúdo nos estágios e níveis subsequentes do ensino. Além disso, embora se possa (ou se deva) estabelecer mínimos curriculares ou parâmetros orientadores que tenham validade nacional, é preciso garantir a flexibilidade suficiente para permitir os necessários ajustes às características regionais e estimular a criatividade de cada unidade escolar. Quanto a isso, convém ter sempre presente que, como afirma Whitehead (1969), "a escola é a verdadeira unidade educacional em qualquer sistema nacional para a salvaguarda da eficiência" (p. 26). Nas palavras do mesmo autor,

> cada escola deve ter a prerrogativa de ser considerada em relação a suas circunstâncias especiais. A classificação das escolas para determinadas finalidades é necessária; mas não deveria ser permitido o currículo inteiramente rígido, não modificado por seu próprio corpo docente. (p. 26)

A segunda medida relativa ao dimensionamento curricular diz respeito à imprescindível conexão dos conteúdos das chamadas disciplinas teóricas com os conteúdos relacionados às outras dimensões da cultura que farão parte do currículo. As ciências, as artes e a cultura em geral comportam divisões em disciplinas ou áreas, não para estas se fazerem estanques e independentes umas das outras, mas para facilitar o tratamento específico naquilo que lhes convém, concorrendo assim para o benefício do todo cultural de que fazem parte. Por isso, também o currículo deve levar em conta essa condição. É preciso não se esquecer de que, quando se advoga a superação do atual currículo fundado apenas em conhecimentos e informações, e se propõe a abordagem plena da cultura, uma das reivindicações é precisamente fazer com que essas outras dimensões da cultura deem mais sentido à escola, propiciando maior prazer e satisfação na apropriação dos conhecimentos. Para que isso aconteça, como afirmei no início deste capítulo, é preciso que haja inter-relacionamento entre os vários conteúdos, de modo que os vários componentes culturais propiciem aquilo que é próprio de uma educação verdadeiramente significativa: ser intrinsecamente interessante, enriquecer a vida presente do educando, enquanto forma sua personalidade e prepara para futuros enriquecimentos culturais.

Finalmente, o terceiro tipo de providência que deve acompanhar uma reforma curricular refere-se à reestruturação da própria unidade escolar e de seu desenrolar cotidiano. A imensa maioria das escolas são concebidas para receber turmas de alunos ouvintes, em salas separadas. Uma nova concepção de currículo que se preocupe com toda a cultura certamente exigirá uma outra escola, com funções, espaços, tempos e equipamentos completamente diversificados. Neste quesito também não se deve homogeneizar, mas propiciar condições para que cada unidade escolar encontre a melhor forma de dispor seus recursos e adequá-los ao currículo adotado e à população usuária.

2. O direito à cultura

Tomar a educação como apropriação da cultura traz importantes consequências para a apreciação dos direitos humanos. Em geral, costuma-se valorizar o ensino escolar, em particular o fundamental, pelo que ele pode trazer de contribuição ao desenvolvimento econômico e social do país e para a preparação individual dos cidadãos. Esta preparação é usualmente associada aos conhecimentos mínimos necessários para o indivíduo viver em sociedade, para seguir nos níveis subsequentes de ensino e para tornar-se apto ao trabalho (ou melhor, ao emprego). Como geralmente não se adota uma concepção de educação como apropriação da cultura, o direito ao ensino fundamental é visto apenas em termos do cumprimento dessas metas, sem nenhuma referência à cultura plena como direito.

Todavia, entendida a cultura como toda a criação humana (contraposta, portanto, ao mundo natural, que independe da ação e da vontade do homem), é pela apropriação dessa cultura (pela educação), que o homem se diferencia da natureza e se faz humano, ou melhor, humano-histórico. O direito à cultura significa, portanto, o direito à própria *humanização* do indivíduo. Segundo Antonio Candido, humanização pode ser entendida como

> o processo que confirma no homem aqueles traços que reputamos essenciais, como o exercício da reflexão, a aquisição do saber, a boa disposição para com o próximo, o afinamento das emoções, a capacidade de penetrar nos problemas da vida, o senso da beleza, a percepção da complexidade do mundo e dos seres, o cultivo do humor. (CANDIDO, 2004, p. 144)

Ora, todas essas são qualidades que nos são dadas pela educação como apropriação da cultura. No nascimento, como vimos, somos pura natureza, quer nasçamos no barraco da favela, embaixo de uma ponte ou na mansão de algum magnata. Fazemo-nos humanos à medida que nos apropriamos da cultura, de tudo o que nossos antepassados, ao fazerem a história, nos deixaram por herança (não genética, mas histórica). Do ponto de vista dos valores democráticos, não há nenhuma razão, portanto, para que essa herança cultural seja distribuída de modo desigual aos cidadãos. Sabemos, porém, que, de forma lamentável, é precisamente isso que acontece: a cultura é distribuída de acordo com a origem social dos indivíduos, os mais ricos tendo a sua disposição os meios e recursos que lhes possibilitam o desenvolvimento de suas potencialidades, os mais pobres tendo que permanecer à beira da necessidade natural por lhes serem negadas as condições objetivas de se desenvolverem culturalmente.

O ser humano, para realizar-se como tal, para sentir-se bem, liberto dos grilhões da necessidade, não precisa apenas de conhecimentos e informações. A cultura, na forma de todo desenvolvimento científico, filosófico, ético, artístico, tecnológico, etc., é o próprio substrato da liberdade do homem, para além da necessidade natural. Nesse sentido, cada indivíduo se faz mais livre à medida que se apropria da cultura. Quando falamos de direito à educação, portanto, isso não pode significar o direito apenas a pequenos "pedaços" da cultura, na forma das chamadas disciplinas escolares (Matemática, Geografia, Língua Portuguesa, etc.). Estas são, sem dúvida, partes importantíssimas da herança cultural, mas não são tudo.

A realização pessoal exige muito mais do que fragmentos de cultura que nossa escola se propõe a fornecer. Ela clama por uma educação que logre preparar o indivíduo para o usufruto de todos os bens espirituais e materiais criados historicamente no contexto da cultura, a que todos os cidadãos, pelo fato mesmo de serem cidadãos, têm o direito de acesso. Por isso, numa sociedade verdadeiramente democrática, pautada por valores progressistas de afirmação da condição de sujeito de todos os cidadãos, a cultura não pode ser considerada um bem privado a que apenas os privilegiados das camadas mais abastadas têm acesso, na forma da assim chamada "cultura erudita", destinando aos outros as migalhas dos conhecimentos escolares.

Todavia, essa visão da cultura como necessidade (e direito) universal ainda está longe de se generalizar em nossa sociedade. Mesmo as pessoas que têm maior acesso à cultura muito raramente percebem essa dimensão dos direitos humanos. Quanto a isso, é preciso estar alerta para o fato de que

> pensar em direitos humanos tem um pressuposto: reconhecer que aquilo que consideramos indispensável para nós é também indispensável para o próximo. Essa me parece a essência do problema, inclusive no plano estritamente individual, pois é necessário um grande esforço de educação e autoeducação a fim de reconhecermos sinceramente este postulado. Na verdade, a tendência mais funda é achar que nossos direitos são mais urgentes que os do próximo. (CANDIDO, 2004, p. 134)

A seguir, em sua defesa do direito à literatura, Antonio Candido apresenta argumentos que claramente podem se estender para todo o domínio da cultura.

Nesse ponto as pessoas são frequentemente vítimas de uma curiosa obnu-bilação. Elas afirmam que o próximo tem direito, sem dúvida, a certos bens fundamentais, como casa, comida, instrução, saúde; coisas que ninguém bem formado admite hoje em dia que sejam privilégio de minorias, como são no Brasil. Mas será que pensam que seu semelhante pobre teria direito a ler Dostoievski ou ouvir os quartetos de Beethoven? Apesar das boas intenções no outro setor, talvez isto não lhes passe pela cabeça. E não por mal, mas somente porque quando arrolam seus direitos não estendem todos eles ao semelhante. Ora, o esforço para incluir o semelhante no mesmo elenco de bens que reivindicamos está na base da reflexão sobre os direitos humanos. (CANDIDO, 2004, p. 134-135.)

Considerando o caráter imprescindível da cultura para a formação integral da personalidade e para o efetivo exercício da cidadania, o currículo da escola fundamental não pode restringir-se a uma lista de conhecimentos e informações, sonegando aos educandos outros elementos culturais igualmente valiosos. Como vimos até aqui, sonegar a cultura é sonegar uma parte da capacidade de viver em liberdade. Antonio Candido afirma que "negar a fruição da literatura é mutilar a nossa humanidade" (CANDIDO, 2004, p. 151). Parafraseando-o, podemos dizer que negar a fruição da *cultura* é negar a nossa humanidade.

3. Os educadores escolares e o currículo

Qualquer projeto de mudança na estrutura curricular do ensino fundamental precisa partir da realidade atual de nossas escolas. Um quesito importante dessa tarefa é saber o que pensam os professores e demais educadores escolares. A esse respeito, a pesquisa de campo procurou identificar entre os depoentes suas concepções de currículo, suas apreciações relativas à atual estrutura curricular, bem como suas perspectivas em relação à eventual transformação dessa realidade. Nesta seção, procuro apresentar o ponto de vista dos entrevistados a respeito desses temas. De um modo geral, as questões levantadas e as opiniões dos educadores parecem representar, em alguma medida, as visões a respeito de currículo comumente presentes na realidade educacional brasileira.

Uma questão que aparece quando se menciona a necessidade de um currículo mais rico para o ensino fundamental é a que se refere à necessidade da inclusão da política no conteúdo escolar. Vanessa, professora da segunda série, quando perguntada sobre o assunto diz, incontinente, que é favorável a que se ensine e se discuta política com os alunos:

> Eu acho que as crianças, desde pequenas, já têm que entender certas coisas, até para poder opinar. Eu procuro fazer isso com meus alunos, mesmo na primeira série. O negócio do mensalão... eu discuto... [...] Eu acho que é importante a criança, desde pequena, já ter consciência de certas coisas, para depois não ser levada, assim, como acaba sendo hoje em dia.

Percebe-se, a partir da manifestação de Vanessa, que ela se expressa a partir de um conceito restrito de política, identificando-a, em certo sentido, com "luta pelo poder" ou com seu sentido formal e específico, envolvendo o funcionamento dos poderes da república. Escapa-lhe a compreensão da política em seu sentido amplo de convivência entre sujeitos, individuais ou coletivos. Não percebe que as crianças de sete ou oito anos não têm suficiente discernimento para discutir a política nacional, tomando posição diante de atos governamentais, judiciários ou legislativos. Deixa escapar, assim, a oportunidade de proporcionar aos educandos condições de entrar em contato com a política e, mais do que isso, com a política em sua forma democrática, ou seja, como convivência pacífica entre indivíduos e grupos que *se afirmam como sujeitos*.

Nesse sentido mais amplo e rigoroso de democracia, passível de envolver todos os atos e momentos da vida em sociedade, é que seria possível oferecer condições de aprendizado e prática da democracia a crianças na idade dos alunos de Vanessa. Não seria, no entanto, na forma meramente verbal, pelo acréscimo de conhecimentos nas listas das disciplinas tradicionais, porque não se trata de "doutrinar" as crianças, mas de dar-lhes condições de aprender democracia, *agindo* democraticamente. Nesse período de formação de suas personalidades, não são preponderantemente os discursos, mas as condutas, os comportamentos, os modos de ser e de agir que enriquecem a personalidade das crianças e criam nelas valores democráticos. Aqui, mais do que nunca, a forma se faz conteúdo, na relação dialógica entre todos que participam da situação de ensino; na discussão e na tomada de decisões nas pequenas coisas do dia a dia; na convivência em grupos de estudo, de brincadeiras e de trabalho; no desenvolvimento da autonomia e da autodisciplina, no comportamento de aceitação do outro; na valorização da paz; no exercício do companheirismo, etc.

Ao falar sobre "fatores sociológicos que perturbam o processo de valoração na sociedade moderna", Karl Mannheim afirma que,

> para criar um cidadão obediente à lei cuja obediência não se baseie exclusivamente na cegueira da aceitação e do hábito, *devemos reeducar o homem integral*. As pessoas que se acham condicionadas a aceitar cegamente valores, por meio de obediência, imitação ou de sugestão emocional, dificilmente serão capazes de se haver com valores cujo apelo à razão e cujos princípios subjacentes podem e devem ser discutidos. Ainda não nos demos completamente conta de quão tremenda seria a reforma da educação necessária para fazer funcionar uma sociedade democrática, baseada na apreciação consciente dos valores. [...] (MANNHEIM, 1967, p. 37-38; grifos meus.)

Mais adiante, o mesmo autor, ao referir-se ao choque entre as valorações e os métodos de educação em vigor, afirma:

> [...] Não se pode criar um novo mundo moral alicerçado sobretudo em apreciação dos valores racionais, isto é, valores cuja função social e psicológica seja inteligível, e ao mesmo tempo conservar um sistema educacional que em suas técnicas essenciais aja por meio da criação de inibições e procure impedir o desenvolvimento da capacidade crítica. [..] (MANNHEIM, 1967, p. 38-39)

Andreia, professora da terceira série, parece mais próxima de uma abordagem correta do problema quando procura adequá-lo em termos de conduta para com o outro. Diante da pergunta sobre como "preparar para a vida", diz que precisa ensinar a cidadania. Quando se põe a explicar o que é isso, diz: "Eu ser um cidadão, eu gostar do outro, eu me identificar com o outro, eu respeitar o outro. Isso é essencial." Mas, a seguir, ao se reportar aos valores como conteúdos do ensino, parece adotar uma concepção que tem mais a ver com disciplina e moralização:

> Nós estamos com uma sociedade agressiva, cheia de problemas. Eu acho (isso eu acho, não tenho certeza ainda), eu acho que é pela falta do limite... que os pais não estão dando mais; a falta de tempo, que eles acham que eles não têm mais pro seu filho... É que eles não entendem o caminho; então, isso que eu falo que eles estão pondo na escola, essa é a parte que a escola tem que fazer, que eu acho que o pai também tem que fazer... [a questão dos valores].

É comum encontrar-se no discurso dos educadores escolares um apelo para a imposição de "limites", em lugar da criação de condutas democráticas, e a atribuição à família de um papel civilizador que, de saída, já denuncia que ela não tem condições de desempenhar. A escola, assim, é vista como tendo que exercer um papel civilizatório, "passando" uma moral que as populações não teriam. Em suma, parece que, em geral, quando se fala que a escola tem que dar cidadania aos educandos, está-se pensando apenas em mais conhecimentos, e conhecimentos mais adequados aos tempos modernos, com ênfase nos valores. Nada se menciona do direito à cultura integral, essa sim capaz de formar personalidades consentâneas com o conceito de cidadania.

Embora não pareça ser a regra, é possível encontrar entre os educadores escolares quem perceba o caráter pouco atrativo do currículo e da didática da escola e se preocupe com isso e com a necessidade de mudança. Das pessoas entrevistadas, Vera Sanches, a coordenadora pedagógica, foi quem mais demonstrou essa percepção. Pergunto-lhe o que se deve fazer para tornar a escola interessante para o aluno e ela responde, como num desabafo:

> A escola do dia a dia é uma escola chata. Tem que transformar numa escola prazerosa. De repente, você tirar um pouco da sua aula conteudista, fazer uma competição de jogos, fazer uma competição entre pais e filhos, criar uma atividade extraescola, extraclasse, extracurrículo, extratudo, fazer alguma mágica, fazer alguma coisa, porque a escola nossa é chata, sim; ela é conteudista, sim; e a gente tem normas chatas, sim... E teria que, pelo menos,

Vitor, uma vez, um dia, colocar isso tudo de lado e transformar a escola numa escola prazerosa, uma escola lúdica, numa contação de história... Chutar mesmo, como dizem aí vulgarmente, o pauzinho da barraca e transformar numa escola gostosa, num grande circo...

A coordenadora fala em grandes transformações, em "mágica" e, embora não fundamente tecnicamente a mudança, sente que precisa mudar; porque é uma escola "chata", quer uma escola "prazerosa". É ousada. Não sabe arrolar as razões por que a escola deve mudar para ser eficaz, o que evidencia a falta de suporte técnico-pedagógico do sistema de ensino para proporcionar aos trabalhadores da educação aptidão e confiança para sugerir e implementar qualquer tipo de mudança no campo didático ou curricular. De qualquer forma, o importante no discurso de Vera Sanches é que ela escapa do senso comum, o qual relaciona (quando relaciona) o prazer em aprender com o "conteúdo" do ensino, ou seja, com o tipo e a quantidade de conhecimento disponíveis. Segundo essa concepção, enriquecer o currículo é dar novos conhecimentos. Vera Sanches percebe que é isso também, mas não é apenas isso. A situação exige uma mudança mais profunda que toca no que se ensina e em como se ensina.

Também Raquel, diretora da escola, se preocupa com o caráter enfadonho das atividades escolares. Ela acha que a criança precisa aprender, não apenas a ler e a escrever, mas também a cantar, a dançar, a realizar atividades artísticas, etc.

Hoje em dia, a criança tem que aprender a ler e a escrever. Eu gostaria de estar propondo, e quero e vou propor essas outras atividades, mas para que facilite essa compreensão do mundo também, dentro do ler e escrever, questão de atitudes e procedimentos. Mas eu acredito que uma criança que dança, uma criança que pula corda, uma criança que cante, que goste de cantar, ela vai ter interesse também em saber a letra da música [e terá mais interesse].

Sobre o enriquecimento do currículo, Márcia, a vice-diretora, se refere ao tempo integral, existente em escolas do Estado, que ela considera uma boa ideia, mas que a notícia que ela tem é de que "é uma porcaria", porque a escola não tem estrutura para realizar seus fins.

> E o que que eles falam? Que não dá certo, todo mundo reclama, isso é o que eu ouço, que a escola de tempo integral é uma porcaria, e que não dá certo por causa da estrutura. A escola não tem estrutura para estar trabalhando desse jeito. Mas seria muito importante se a gente tivesse estrutura.

A questão levantada por Márcia é uma das mais importantes nas discussões que se fazem sobre a chamada escola de período integral. Por considerar o tempo diário normalmente utilizado para o ensino insuficiente para uma boa formação do educando, advoga-se a extensão do período diário de escolaridade, julgando que com *período* integral se consiga a *educação* integral. Mas esse raciocínio se baseia em premissas falsas, porque o período de quatro ou cinco horas que a criança passa na escola não é o *único*, nem o maior problema que impede uma educação integral. Como temos visto, é a estrutura mesma da escola, em termos administrativos, curriculares e didáticos, que precisa ser transformada para a educação escolar caminhar nesse sentido. Sem dúvida, a extensão do tempo de escolaridade é um dos aspectos a ser levado em conta. Mas, simplesmente dobrar o período de uma escola ineficiente pode ter o efeito de multiplicar por dois sua ineficiência e o dano que ela causa ao educando. (Paro et al., 1988; Paro, 2009a)

Um aspecto curioso relacionado à estrutura didática e curricular de nossa escola fundamental é o fato de que, mesmo com métodos ultrapassados que lhes tolhem a espontaneidade e com currículos pouco significativos para suas vidas, os estudantes ainda são atraídos pela escola. Tenho-me interessado por esse fenômeno em várias pesquisas de campo que tenho feito e sempre se confirma essa hipótese, com muitas referências dos alunos a respeito da falta que sentem da escola nas férias, por exemplo. Também nas várias investigações, tenho procurado saber entre os professores e pessoal da escola a respeito da causa dessa atração e a conclusão que esses depoimentos favorecem é que seu motivo principal é o convívio com os colegas. Já tratei desse tema em outra obra (Paro, 2000, p. 52-55), mas procurei atualizar as informações junto aos entrevistados da investigação mais recente, que em geral confirmaram a hipótese.

A exceção foi Vera Sanches, a coordenadora pedagógica. Ela diz que a escola ainda atrai o aluno e "ele vem mesmo". Mas mostrou-se surpresa com a pergunta sobre a razão por que o aluno ainda gosta da escola, apesar de tudo. Ela, que havia reafirmado que a escola é chata, não conseguia dar uma resposta à questão. Pôs-se, então, a levantar algumas razões: a merenda, a Educação Física ("que é a aula que ele mais gosta"). Diz que a escola é importante porque substitui muita coisa que deveria ser feita em casa. Exemplo disso é a extensão do ensino fundamental para alunos de seis anos, precisamente para dar ao aluno coisas que os pais das famílias pobres não podem dar: iniciação à alfabetização. Ainda sobre a pergunta, Vera Sanches volta a demonstrar sua preocupação e surpresa: "E essa pergunta aqui, olha, eu vou jogar para os meus professores. Porque ninguém tinha pensado. Agora que eu fui pensar, porque aqui na escola, a gente procura mesmo..." E continua mencionando o trabalho de uma das professoras que desenvolvem atividades variadas e procuram realizar uma aula que seja desejada pelos alunos. O intrigante, entretanto, não é a surpresa da coordenadora, mas sim o fato de que, mesmo tendo a percepção de que o que as crianças gostam é o relacionamento pessoal, o contato e a brincadeira com outras crianças, dificilmente os professores conseguem propor atividades que se voltem para isso, ou seja, não veem a necessidade de o ensino incluir esses elementos em seus métodos e conteúdos, de modo a fazer uma escola mais interessante.

Quem visita nossa escola fundamental com olhos críticos, a todo momento se surpreende com as relações e fatos que presencia. Uma das surpresas é constatar como a escola consegue criar nas crianças a ojeriza à própria cultura. Elaine, professora da primeira série, diz que seus alunos não gostam da aula de artes. Ela faz críticas ao modo (formal, tradicional, desinteressante) como a professora dá a disciplina. Não deixa de ser altamente intrigante que as crianças não gostem da aula de artes! Observe-se o que a escola consegue fazer com a cultura, até mesmo com seus conteúdos mais prazerosos, criativos, estimulantes e belos!

Essa falta de interesse pela aula de artes lembra um dos aspectos mais importantes para uma escola que pretenda oferecer, não apenas conhecimentos, mas cultura em seu sentido pleno: trata-se da influência decisiva da capacidade do educador no desempenho de seu papel. Vera Sanches, coordenadora pedagógica, acha que o currículo hoje é muito pobre e que está muito "igualado por baixo". "Eu acho que acaba sendo superficial, eu não transmito cultura para o meu aluno." Mas ela acha que o problema não está no conteúdo, e sim no professor, que precisaria ser "uma pessoa muito, muito, muito, muito culta. Seria o professor, porque é o professor que abre, ou que terá de percorrer esse caminho, para estar levando o aluno a ter esse conhecimento."

A preocupação de Vera Sanches parece ter toda procedência, quando se atenta para a realidade de nossos professores. Em primeiro lugar, eles nem mesmo têm condições satisfatórias de acesso a uma cultura mais elaborada. Quando se menciona aos professores a importância da cultura, eles têm alegado que o salário que recebem não permite sequer a eles próprios pagar a assinatura de um jornal ou de uma revista, ou comprar um livro periodicamente, e muito menos a ter acesso a uma peça de teatro ou a um concerto, por exemplo. A verdade é que, em nossa sociedade, os bens e serviços culturais costumam ser muito dispendiosos para o cidadão comum, porque produzidos em baixa escala, para consumo apenas de poucos privilegiados.

Associada a esse tema está a fraca importância que é dada socialmente a qualquer tipo de refinamento cultural. Para ficar apenas num exemplo, pode-se citar a desvalorização que tem entre nós o exercício da leitura. O problema já começa com o ensino de Língua Portuguesa, enfadonho e ineficiente desde a alfabetização até o contato (quando há) com as obras literárias nacionais e internacionais. O mal que a escola tem feito à apreciação da leitura é alarmante. As crianças, em vez de adquirirem o hábito de ler e a capacidade de usufruir do direito à literatura (CANDIDO, 2004), acabam por adquirir resistência à leitura e ficam privadas, quando adultas, desse importante bem cultural.[2] Não bastasse isso, os poucos que

---

2. Já me referi, em outro trabalho, à "imensa porcentagem de pessoas que, mesmo tendo passado pela escola fundamental, pelo ensino médio e até pelo ensino superior, e tendo 'aprendido' a

tiveram a felicidade de uma formação que os levou ao gosto pela leitura acabam por ser permanentemente tolhidos em suas tentativas de ler em lugares públicos, por exemplo. Dificilmente se encontra uma sala de espera de escritório, de aeroporto, de consultório médico, de repartição pública, ou de qualquer local em que se tenha de aguardar para ser atendido que não tenha um televisor ou um rádio ligados num volume que impede o saudável exercício da leitura. O fato de não ter havido ainda nenhum movimento (pelo menos que seja de conhecimento público) que reclame contra essa restrição ao direito de ler, parece bem um indicativo do exíguo número de pessoas que tentam dele usufruir nessas situações.

Mas, além das más condições de trabalho do professor e do baixo valor atribuído ao aspecto cultural, há um terceiro fator decisivo a dificultar a apropriação da cultura no ensino fundamental. Como deu a entender a diretora da escola, convém ser culto para oferecer cultura. Acontece que os professores e demais adultos com os quais a criança tem contato (inclusive seus familiares) são frutos de uma escola tão carente de cultura quanto a de hoje. Por isso, é preciso não ignorar que qualquer solução para a formação cultural das crianças de hoje precisa incluir o acesso à cultura também dos adultos, especialmente seus professores.

Há professores que sequer veem a necessidade de alguma mudança substancial na estrutura curricular, quando muito sugerindo alguma atividade ou conteúdo no currículo existente. Marilda, professora da quarta série, por exemplo, diz que não mudaria o conteúdo, contanto que se intercalasse outras atividades aos conteúdos comuns. O que precisa é sair da rotina, diz ela, ter muitas atividades.

Às vezes, o professor, quando convidado a refletir sobre o currículo atual, acaba se dando conta de suas deficiências e, numa atitude defensiva, apresenta justificativas ou desculpas para o fato de não estar desenvolvendo determinados conteúdos. Elaine, professora da primeira série, concorda que o currículo deve mudar. Diz que há a proposta de currículo,

---

ler e a escrever, não leem nem escrevem. Estamos, assim, na triste situação de juntar ao drama de uns poucos milhões que não sabem ler e escrever, o descalabro de uns muitos milhões que 'aprenderam' a ler e a escrever mas nunca leem nem escrevem. É muito difícil não ver nessa situação um exemplo veemente do malogro de nossa escola." (PARO, 2010b, p. 54-55) "mas você tem que estar seguindo, ali, aquele roteiro. Eu acho que isso é muito ruim". Diz que "as crianças vêm com tantas falas e não se pode desenvolver, porque tem que seguir o programa". Na verdade, um programa muito rígido impõe dificuldades à criatividade e a uma maior abertura para conteúdos culturais mais elaborados e mais diversificados, mas a pergunta que se faz é se esse é o único empecilho. Parece que não. Na verdade, não é só porque "não se pode" que a cultura não é privilegiada, mas também porque o professor *não sabe* o que fazer.

Outro fenômeno que serve para dificultar o desenvolvimento de um currículo mais rico é a atitude de certo modo "conteudista" dos pais. Vanessa, professora da segunda série, diz que nas duas séries iniciais, agora, só há Língua Portuguesa e Matemática. Ela concorda com isso, porque acha o fundamental. Diz que os outros conteúdos podem ser trabalhados dentro dessas duas disciplinas. Perguntada se o currículo não deveria contemplar também música, dança, etc., Vanessa concorda (na verdade, se dá conta disso). Diz que procura dar música, jogos, etc., mas que os pais não concordam com isso. "Na verdade, é uma atividade de leitura, mas os pais acham que eu estou dando brincadeira. Eles não gostam muito. Eu vejo que eles preferem uma professora que encha o caderno."

A constatação dessa concepção entre os pais não é de modo nenhum estranha, pois eles, em sua grande maioria, foram produtos de uma escola tão tradicional quanto a atual. Mas, cultura como matéria-prima do currículo é algo que se impõe quando se atenta para o fato de que o verdadeiro direito à educação significa o direito à apropriação da cultura em seu sentido amplo, e esse deve ser o objetivo do ensino fundamental quando concebido como formador de personalidades humano-históricas. É por isso que, como afirmamos, o conteúdo do ensino não pode restringir-se às disciplinas tradicionais, embora estas não devam de nenhum modo ser minimizadas, mas sim integradas a todos os demais componentes da produção histórico-cultural disponível na sociedade.

Isso implica, como vimos, a relação íntima do currículo com a didática, já que a forma de ensinar passa a ser também considerada parte do conteúdo. Com isso, a consideração de temas como a personalidade do educador e sua relevância na formação da personalidade do educando deixa de ser mera questão retórica para constituir elemento de importância primordial no estabelecimento de políticas educacionais. Não só o que o professor sabe e detém de cultura de modo geral, mas em especial suas condutas e valores (em grande parte incorporados quando ainda era aluno do ensino fundamental) são decisivos na formação do estudante de hoje e são outros pontos de destaque na concepção de uma estrutura da escola que favoreça a produção de uma educação de qualidade para o indivíduo e para a sociedade.

Capítulo 5

Estrutura da Escola e Trabalho Docente

Uma reformulação da estrutura da escola fundamental com vistas a adequá-la ao oferecimento de uma educação como prática democrática não pode deixar de considerar a forma como se realiza o trabalho docente. E ao fazer isso, o que deve estar permanentemente presente é a própria natureza específica desse trabalho. A esse respeito, o principal ponto a se considerar, acima do fato de tratar-se de um trabalho que se processa no âmbito da produção não material, é que se trata de uma relação entre sujeitos, e que o próprio objeto de trabalho (aquilo que se transforma em produto durante o processo de produção), ou seja, o educando (que transforma sua personalidade viva, à medida que se educa), tem como característica intrínseca e inalienável o fato de ser um sujeito. Essa condição deve ser determinante do trabalho do professor, que tem pela frente não um simples objeto, mas um sujeito que, como ele mesmo, trabalha nesse processo como coprodutor de sua educação.

São inúmeras as questões que merecem atenção quando se trata do trabalho coletivo na escola. Três delas podem ser destacadas em virtude de sua abrangência e importância: a *assistência pedagógica* a ser fornecida aos educadores em seu próprio ambiente de trabalho, o oferecimento de adequadas *condições objetivas de trabalho* e a *gestão do tempo* dedicado às atividades escolares.

1. Assistência pedagógica

A assistência aos educadores não se restringe à necessária existência de coordenadores ou assistentes pedagógicos, que prestam seu serviço na organização do trabalho coletivo junto aos professores, mas se estende a todas as medidas do sistema de ensino referentes a uma autêntica formação permanente em serviço, que privilegie não apenas os aspectos técnicos, mas também a disseminação de uma visão transformadora de educação. Nesta seção não tocaremos em todos os aspectos da assistência pedagógica, assunto que já foi parcialmente tratado no capítulo 3, quando enfocamos a coordenação pedagógica e a supervisão escolar. Aqui pretendemos tratar de mais alguns pontos que foram suscitados pela pesquisa empírica.

No tocante à formação dos professores, há dois equívocos bastante difundidos, especialmente nos meios governamentais, acadêmicos e midiáticos, que precisam ser explicitados e superados. O primeiro refere-se à crença de que a causa predominante ou mesmo exclusiva do mau ensino é a qualificação do corpo docente e de que, por isso, basta cuidar dessa qualificação que tudo se resolverá na promoção da qualidade do ensino público. Essa visão ignora que, não obstante a importância e imprescindibilidade do professor para a realização do ensino escolar, também são imprescindíveis condições objetivas de trabalho que ofereçam um mínimo de possibilidade para a atividade docente se realizar, o que será tratado na próxima seção.

No trabalho de campo, a ligação que se costuma fazer entre qualidade do ensino e formação docente é facilmente perceptível no discurso dos professores entrevistados, e alguns a repudiam como inadequada. Marilda, professora da quarta série, perguntada sobre o que faria em termos de formação dos professores, se fosse ela a secretária de educação, começa dizendo: "Se eu fosse secretária de educação, a primeira coisa [é] parar de meter o pau nos professores, porque acha que o professor é que é culpado de tudo."

O segundo equívoco, corolário do primeiro, é atribuir à formação regular do profissional da educação a culpa pela má qualificação dos professores da rede, deixando de considerar que não são os cursos de Pedagogia, de Licenciatura e outros cursos de formação de educadores que recrutam os professores para as redes de ensino; e de que não basta formar bons professores se as más condições de trabalho e os baixos salários oferecidos não conseguem atraí-los para o trabalho na escola pública básica.

No momento em que escrevo essas palavras, acabo de ler, no portal UOL da Internet, artigo publicado na sessão "Opinião" do jornal *Folha de S.Paulo*, da autoria do secretário estadual de educação, com as seguintes palavras, que denotam bem a ignorância ou o cinismo (ou ambos) com que a questão da qualidade do ensino pode ser vista nos meios governamentais: "A equipe que assumiu a Secretaria da Educação desde o início do atual governo considera que os professores *são vítimas de um sistema de formação docente* que privilegia o teórico e o ideológico em detrimento do conteúdo e da didática." (Souza, 2010; grifos meus)

Maria Malta Campos apresenta com precisão a situação atual:

> É preciso reconhecer que muitas políticas adotadas na área de educação têm procurado criar melhores condições de ensino nas redes públicas. Porém, algumas iniciativas carregam consigo a responsabilização do professor pelos resultados negativos da aprendizagem dos alunos, sem considerar a realidade difícil vivida por muitas escolas e o fato de que *o professor de hoje é resultado de muitas décadas de descaso com a educação,* durante as quais o seu salário foi rebaixado, sua carga de trabalho, aumentada, a formação aligeirada, e sua posição na sociedade, deteriorada. Com efeito, a profissão docente, que já havia perdido o antigo prestígio, passou a ser considerada como algo provisório, uma ocupação não desejada, que se aceita, na falta de outra. Esta é a situação real do protagonista que as reformas procuram eleger como o principal fator determinante da qualidade do ensino. (Campos, 2008, p. 122; grifos meus)

Essa questão se fez presente também entre os docentes da escola pesquisada, mas estes pelo menos não tomam a má formação dos professores como razão absoluta da improdutividade da escola. A mesma professora Marilda, diante da pergunta sobre o que deve ser mudado na escola para que a qualidade do ensino melhore, busca a razão do mau ensino na qualidade do professor. Diz que, como em toda profissão, há profissionais bons e maus e que, no ensino, os de má qualidade estão aumentando pelo desânimo da categoria diante da falta de estímulo, de salário e de prestígio.

Esse discurso de Marilda soa um tanto contraditório porque ela, que havia reclamado do governo por colocar a culpa do mau ensino no professor, quando questionada, faz a mesma coisa. Para ela, "o professor OFA [ocupante de função-atividade] está empenhado, e o efetivo não, se encostou". Logo em seguida, Marilda diz: "Eu acho que o Estado, no geral, ele deveria valorizar mais o professor. [...] Não sair aí e falar que a culpa é do professor." Intervenho, então: "Mas você mesma acabou de falar isso..." Marilda se apanha em contradição e tenta emendar: "Se ele hoje está desvalorizado, é porque alguém colocou isso na cabeça dele. [...] Por que que eles estão ruins? Porque estão descrentes. [...] e alguém colocou isso em sua cabeça."

Na verdade, o que torna os professores "descrentes" não é nada que "alguém colocou em sua cabeça", pelo menos não diretamente. É sabido que as ocupações que têm menor prestígio social são aquelas que costumam remunerar com os salários mais baixos. No caso do professor, não se trata somente de o salário ser baixo, mas sim de ele estar enormemente defasado com relação à importância da ocupação, e essa importância é cada vez menos reconhecida pela população.

Em termos históricos, quando a função docente era a forma por excelência para se ter acesso ao conhecimento, seu reconhecimento público advinha predominantemente desse fato, e a escola elementar era considerada, se não a única, uma das mais importantes instituições sociais por meio das quais as novas gerações (ou parcelas delas, na verdade: aquelas a quem era reconhecido o direito ao saber elaborado) tinham acesso aos conhecimentos que lhes possibilitavam firmar-se como indivíduos e desempenhar um papel de relevância no meio social. Hoje, todavia, a chamada "sociedade do conhecimento" dispõe de uma multiplicidade de meios de informação e divulgação de conhecimento, esmaecendo, em certa medida, a antiga proeminência da escola como agência de distribuição do saber.

Com isso, o reconhecimento do trabalho docente tem decrescido à medida que cresce a quantidade, a diversidade e a importância dos meios e instituições encarregadas de distribuir o conhecimento. Em acréscimo, fica cada vez mais evidente aos olhos de todos a criatividade e a competência com que os meios de comunicação, como a televisão, a Internet, a publicidade de modo geral, bem como entidades privadas e públicas de toda ordem, as igrejas, etc. conseguem difundir suas mensagens e angariar adeptos e seguidores, em contraste com a forma antiga e enfadonha com que a escola fundamental ainda teima em desempenhar seu papel. De modo nenhum os conhecimentos distribuídos por essas agências substituem o importante papel da escola na verdadeira formação do cidadão. Mas, para o senso comum (incluídas diversas autoridades educacionais), não é essa a impressão que fica. O pior é que, como vimos, por se propor a ensinar apenas conhecimentos, sequer isso a escola consegue fazer. E não porque ela não adote as fórmulas e técnicas utilizadas pelas outras agências — isso pouco ajuda, já que sua missão social é de natureza diversa e muito mais complexa —, mas porque não emprega, com competência e adequação, os meios que as ciências da educação lhes põem à disposição para realizar os objetivos sociais que deve perseguir.

Diante disso, não é de estranhar que a função docente não tenha o reconhecimento que se deseja. A razão principal é que a escola cada vez mais é identificada como uma instituição incompetente que não consegue realizar aquilo que outros meios realizam tão bem. Por isso, a valorização da função docente deve correr paralela à valorização da própria escola. Mas esta também só se valoriza se estiver subsumida por uma visão de educação mais avançada (não identificada apenas com o ensino de conhecimentos). Ou seja, a escola terá chances de ser valorizada socialmente quando conseguir cumprir o papel, extremamente desejável do ponto de vista político e social, de agência construtora de personalidades humano-históricas pelo oferecimento da cultura em seu sentido pleno que, como vimos, é condição necessária para que ela consiga inclusive ensinar o conhecimento, mister em que hoje ela fracassa tão rotundamente.

Quando a escola se fizer um verdadeiro centro educativo, que irradia a cultura em todas as suas dimensões, por meio de métodos adequados à natureza dessa cultura (portanto reforçadores da condição de sujeito dos educandos), certamente ela será valorizada, não apenas por sua importância mas também pelo caráter de certa forma único de seu papel. Em suma, a valorização do trabalho docente será acompanhada do reconhecimento da especificidade do trabalho pedagógico. Quando isso ocorrer, a comparação do trabalho da escola com outras agências tornar-se-á sem sentido, porque fará parte do papel da instituição escolar a realização de algo que nenhuma outra instituição pode realizar.

No trabalho de campo sondamos a percepção que as educadoras têm da formação profissional que receberam e da que lhes é dada em serviço e pudemos perceber a variedade de opiniões, orientadas por uma postura crítica a respeito de como ambas são concretizadas. Elaine, professora da primeira série, diz que, antes de fazer a faculdade, fez um curso numa ONG que, segundo ela, forma professores da educação infantil, na linha construtivista. Diz que, quando passou a ouvir os professores na faculdade, aquilo não era novidade, pois ela já tinha visto isso em termos práticos. Critica alguns professores da Escola Célia Cintra que não se engajam numa proposta mais avançada, por acharem que tudo é moda, que logo passa e ninguém mais fala nisso. Mas ela acredita que não. Diz que os professores criticam os livros que vêm, dizendo "logo os pais vão se cansar disso", mas ela pensa que o aluno e o professor têm de ser "fomentados" a usar e a ler os livros, senão não adianta nada.

> Essa questão do lúdico, eu acho que poderia ter mais brincadeira na escola. Só que o professor, ele às vezes é rígido, é tão preso naquela coisa certinha que eu acho que ele também não faz. Eu acho que deveria ter uma formação assim: o professor deveria passar por algumas experiências na escola, para depois ele sentir. Eu amo ler. Agora, porque alguém leu para mim. Eu adorava ver obra de arte, porque me levaram nos museus, eu pude analisar. Eu acho que isso falta. Eu vejo até pelos professores daqui, muitos professores daqui não tiveram boas experiências com algumas coisas, algumas... até leitura.

A fala de Elaine sobre a formação dos professores parece tocar num ponto crucial do problema. Do mesmo modo que, como afirmamos no capítulo 4, é preciso ser culto para oferecer cultura, será muito difícil envolver-se com um sentido mais amplo de cultura no ensino fundamental se, em sua formação profissional, esse assunto não foi objeto de atenção e incentivo.

Sem dúvida nenhuma, o ideal seria que os cursos de Licenciatura e Pedagogia e os cursos de formação do magistério em geral dessem conta de uma formação profissional que capacitasse o futuro mestre a desempenhar com toda perícia e autonomia sua função docente na escola. Mas tem sido constante a reclamação a respeito da inadequação desses cursos por parte daqueles que trabalham e enfrentam as dificuldades no cotidiano escolar. Márcia, vice-diretora, acha que "a faculdade não ensina ninguém na prática. Ela só dá teoria, teoria e teoria. [...] O nível é bem baixo." A professora Vanessa, da segunda série, considera o curso de Magistério (que ela fez) melhor do que o de Pedagogia.

> Têm conteúdos lá [na Pedagogia] que a gente aprende que não me ajudaram em nada na minha prática. Para conhecer, para saber, é bom, mas, na prática mesmo, uma metodologia, alguma coisa assim de ensino... Que nem aqui, a psicogênese da língua escrita, a faculdade não me esclareceu nada disso. Eu fui ser esclarecida nesse sentido no "Letra e Vida", que eu fiz aqui pelo Estado. Fora isso, não... A gente sabia que existia aqueles estágios, pré-silábicos e tudo, mas eu não sabia nem avaliar em que estágio o aluno estava.

Por outro lado, os benefícios de uma formação em nível superior para os docentes do ensino fundamental são inquestionáveis, não apenas em termos de experiência pessoal e acesso a um patamar superior de cultura, mas também pelo contato com o conhecimento sistematizado das matérias e disciplinas que dão subsídio à Pedagogia e à prática educacional em geral. Entretanto, uma reclamação bastante comum entre os professores que frequentaram esses cursos bem como entre os estudantes que hoje os frequentam é a disparidade entre, de um lado, o que se estuda nos livros, e se ouve nas aulas, em termos de conhecimentos didáticos e pedagógicos, e, de outro, o que se experimenta como estudante em termos da conduta dos mestres que divulgam esses saberes. Diante disso, e sem prejuízo de outras medidas importantes que se devam tomar com vistas à formação de professores efetivamente capacitados para o trabalho — que têm preenchido volumes e volumes de teses e ideias sobre a melhor formação pedagógica para o educador escolar —, uma questão que merece maior cuidado e atenção é precisamente a concepção de educação que orienta o discurso e a prática dos professores que formam professores. Não é possível preparar e predispor o futuro mestre para o exercício de uma prática pedagógica democrática e formadora de personalidades humano-históricas, se a visão de educação que se carrega ainda é a velha concepção tradicional que povoa o senso comum.

No entanto, qualquer solução que se possa pôr em prática agora, para a formação regular de professores, não irá necessariamente atingir as centenas de milhares de mestres que hoje estão na ativa, e que reclamam medidas imediatas em termos de sua capacitação para um melhor desempenho de suas funções. Por isso, nenhum sistema de ensino que pretenda enfrentar com realismo a questão da melhoria do ensino fundamental pode prescindir de um sistema de assessoria e de formação em serviço de seus docentes.

Antônia, auxiliar de professora, menciona a situação embaraçosa do professor que, ao sair de uma faculdade, imediatamente assume uma classe. "Você sai de uma faculdade e já pega uma sala de aula, 'meu'! Você deve levar um susto." Diz que quando se formar e assumir uma turma de alunos, não vai mais tomar aquele susto porque vai saber o que fazer, a partir da experiência que viveu como auxiliar. Diz que, no ano anterior, ficou com uma professora tradicional, mas que lhe "passou" muito conhecimento.

Ao ressaltar a importância do "estágio" que faz como professora auxiliar na Célia Cintra, Antônia fala da diferença entre a academia e a prática escolar. "Na faculdade você está com a cabeça cheia de coisas bonitas... quando você chega aqui, é muito diferente." Antônia relata o caso de sua filha que estuda na Célia Cintra, que não estava conseguindo aprender determinado conteúdo de matemática e a quem ela, Antônia, auxiliou no estudo em casa, ensinando-lhe o que ela não conseguia aprender na escola. A menina chegou para sua professora e disse: "Ah! Eu fiz toda a lição certinho. A minha mãe me ensinou." A professora reagiu: "A gente se mata e depois o aluno vira para a gente e fala que foi a mãe que ensinou..." Antônia desaprova esse comportamento e diz que a menina voltou para casa decepcionada, não querendo mais ir à escola.

Em termos de assessoria interna, Vanessa, professora da segunda série, diz que na E. E. Célia Cintra há um bom acompanhamento dos professores; que Vera Sanches, a coordenadora pedagógica, faz isso muito bem. Diz que as professoras das quatro segundas séries têm um tempo para se reunir, trocar experiência. "Eu acho importante essa troca entre os professores, também, porque eu me considero muito inexperiente, porque antes eu só trabalhava com educação infantil." Ela acha, entretanto, que deveria haver mais cursos e formações como o "Letra e Vida" e que os professores deveriam ser obrigados a cursá-los. Diz que na primeira série os professores são pressionados a fazer, mas não são obrigados. "E eu acho que dá subsídios, ainda mais para quem ainda trabalha com aquele jeito mais antigo, do ba-be-bi-bo-bu."

Marilda, professora da quarta série, é mais crítica com relação aos cursos de formação de professores da Secretaria da Educação. Diz que tudo "já vem errado desde lá de cima, porque é tudo cópia. Tudo cópia de um mesmo que deu certo..." Continua falando que fizeram o curso de capacitação chamado "Letra e Vida", há uns três anos. "Nós fizemos esse curso e é esse que nós estamos aplicando e está dando certo. Está dando certo, sim. Pelo menos assim: você entra sem expectativa nenhuma, você não faz ideia, aí você fala 'será que vai dar certo, será que não vai?' Quando você começa a fazer seus testes, aí vê que funciona."

Ela diz que deveria haver continuação com novos cursos, mas que o próximo é igual ao anterior: "Eles querem promover cursos que, mudando somente o nome do curso, vai ficando de novo tudo a mesma coisa. Quer dizer, isso é cansativo e chateia. [...] ficar sentado o tempo todo [...] fazer as mesmas experiências que você já fez..." Ela se refere ao Programa Ler e Escrever (atual) que seria cópia desse outro a que ela se reporta. A partir da sugestão do entrevistador, Marilda diz que o ideal seria mesmo dar mais tempo de hora-atividade para o professor fazer sua formação coletiva na própria escola, a exemplo dos grupos de formação de professores instituídos por Paulo Freire na Secretaria Municipal de Educação.

Diz que o município de Osasco (cidade da região metropolitana da Grande São Paulo) faz isso hoje e funciona muito bem. Diz que o HTPC é importante, mas que as duas horas que há na Célia Cintra, "são usadas para dar informes. Então, não sobra esse tempo para a gente estar 'trocando figurinha' [...] Agora, lá em Osasco, pelo que eu vejo, tem um dia na semana especialmente para isso."

A formação docente em serviço pode apresentar uma multiplicidade de opções em termos de práticas e ações adrede concebidas para a elevação intelectual e moral dos educadores escolares, mas dificilmente terá concretizadas todas as suas potencialidades se não fizer parte de um programa estruturado coerentemente como elemento de uma política educacional com o fim de melhoria da qualidade do ensino. Tal formação terá por meta, obviamente, o enriquecimento cultural e pedagógico das pessoas que fazem a educação no âmbito da realidade de cada escola.[1]

Um atributo relevante de tal programa deveria ser o de manter uma comunicação constante entre os administradores do sistema (Secretaria da Educação e seus órgãos centrais) e a unidade escolar. Um projeto de transformação da educação escolar que abale crenças ultrapassadas e secularmente sedimentadas na consciência das pessoas certamente não terá o apoio imediato e unânime, em especial dos educadores, a quem cumpre, afinal, concretizá-lo. Mas um governo (municipal, estadual, federal) eleito democraticamente que esteja implementando um programa de transformação da escola, com um objetivo cujo valor seja defensável do ponto de vista técnico e político, tem o direito, o dever e, acima de tudo, a necessidade de buscar a adesão dos trabalhadores escolares. Uma boa opção seria a distribuição de um jornal ou revista, com edição periódica

---

1. Há que se estar atento para o fato de que, em sentido lato, os educadores escolares não se restringem aos professores, diretores e coordenadores pedagógicos (ou outra denominação que recebam aqueles encarregados de dar assistência pedagógica ao corpo docente), mas todos os que, de uma forma ou de outra, influem por suas ações e condutas na formação da personalidades dos estudantes, como inspetores de alunos, serventes, secretários, merendeiras, enfim todos aqueles com os quais os alunos se relacionam em seu dia a dia escolar. Por isso, embora estejamos tratando do trabalho docente, não se deve esquecer do cuidado com a formação em serviço dos trabalhadores escolares não docentes, de modo que o desempenho de suas atribuições contribua para reforçar positivamente o trabalho educativo escolar.

(semanal, mensal), com notícias sobre as medidas em andamento e seus eventuais avanços e dificuldades, mas também com textos informativos que retratassem a realidade da rede em geral e das unidades escolares em particular. (Isso teria a qualidade de elevar ou manter elevado o moral dos educadores escolares que tenderiam a se sentir solidários com uma política que se preocupa com seu trabalho e com a elevação educacional dos cidadãos.) Nesses mesmos órgãos de comunicação se incluiriam pequenos textos formativos, em linguagem clara e acessível, que contribuíssem para o conhecimento técnico-pedagógico e disseminassem uma visão nova de educação.

Cursos de curta duração bem como congressos e seminários programados para todo o sistema são modalidades de formação que certamente não podem ser descartadas quando se pretende manter atualizados ou incrementar os conhecimentos dos professores. Também não se pode abrir mão de um serviço de supervisão externa que não se restrinja à mera fiscalização burocrática, muito comum em nossas redes de ensino, mas que efetivamente levasse novos instrumentos teóricos na assistência à docência escolar.

Mas os processos de aprendizado e atualização inerentes a uma formação docente em serviço devem fazer parte constante do cotidiano do professor. Por isso, duas medidas parecem imprescindíveis quando se está empenhado na melhoria da prática pedagógica. Uma delas são os grupos regulares de discussão a partir de textos e outros materiais de divulgação de ideias que seriam distribuídos nas escolas pela administração central do sistema, com o propósito de promover o aprendizado e a reflexão dos professores. A partir de um diagnóstico dos problemas e deficiências teóricas mais presentes na rede como um todo, a Secretaria da Educação pode programar conteúdos importantes para a melhoria da prática escolar, com textos de boa qualidade, já disponíveis na literatura educacional ou produzidos por pessoal da própria equipe técnica da Secretaria, ou por autores idôneos fora dela, de modo a compensar a defasagem que porventura exista entre a formação atual do corpo docente e aquilo que é exigido por uma prática pedagógica mais qualificada. Podem ser incluídos textos críticos sobre o modo tradicional de ensinar e a necessidade de sua superação. Também se pode programar o aprendizado de novas metodologias ou soluções de problemas corriqueiros ainda não dominados pelos educadores.

Outra iniciativa importante, e de certa forma inédita, é o estímulo ou mesmo a institucionalização da avaliação interna do desempenho docente por parte dos próprios professores. A esse respeito, pode-se pensar em duas medidas que se complementam: a *autoavaliação* e a *avaliação recíproca*. A primeira, como o próprio nome indica, deve ser feita pelo docente levando em conta critérios gerais de desempenho que podem ser estabelecidos e negociados no interior do grupo de professores, a partir de sugestões feitas no âmbito do sistema. A avaliação deve ser necessariamente qualitativa, fugindo às burocráticas pontuações e aos injustificáveis e odiosos *rankings*. O objetivo deve ser a melhoria do desempenho do professor e de seu grupo, sem qualquer exigência de divulgação, para uso do próprio professor e em discussões de que ele participe com seus colegas, se ele assim o entender. O suposto é que o interesse nessa avaliação é do próprio professor que quer ver crescer seu desempenho e sua capacidade de ser um educador mais útil a sua escola e à sociedade. É óbvio que o êxito dessa medida depende da consciência do mestre, mas penso que é uma aposta que se pode fazer com certa segurança quando se tem a educação (e, portanto, a confiança mútua) como substrato da ação coletiva escolar.

A avaliação recíproca é outra medida que precisa contar com a consciência e o interesse do professor. Uma dupla de professores, sem constrangimentos normativos ou formais, mas com seus componentes estimulados por uma política educacional bem orientada, acorda assistir um a aula do outro e reciprocamente, com o intuito de avaliá-la a partir dos princípios antes mencionados para a autoavaliação. A princípio, o processo parece bastante simples, e verdadeiramente o é; mas, independentemente disso, ele envolve peculiaridades que o tornam muito difícil de acontecer. A sala de aula ainda é um reduto inexpugnável do professor que, a pretexto de sua autonomia pedagógica, costuma proteger-se contra qualquer eventualidade de exposição de seu trabalho aos olhos de terceiros. Ao mesmo tempo, não se interessa em observar o trabalho de terceiros para não correr o risco de ter de retribuir, facultando ao outro a observação de seu próprio trabalho. Essas atitudes podem ser creditadas à insegurança que há por parte do professor típico de nossa escola fundamental. Como sobrevivente de uma escolarização autoritária, que incute a culpa e a consciência de incompetência em seus alunos, os professores em geral não se veem seguros diante da avaliação de seu trabalho, com receio de que sua eventual incompetência seja revelada publicamente.[2] Desde que se disponham a esse processo, no entanto, os resultados podem ser significativamente positivos, provocando benefícios tanto para quem avalia quanto para quem é avaliado. No momento de avaliar, a pessoa consegue ver no erro do outro seus próprios defeitos; no acerto do outro, sugestão para imitá-lo; no momento em que é avaliado, sabendo-se observado, prepara mais cuidadosamente sua atividade e vê mais criticamente seu próprio trabalho, procurando aperfeiçoá-lo. Na discussão de ambos sobre a avaliação feita, cada docente constatará, por um lado, que o outro não foi assim tão severo quanto ele mesmo seria com o próprio desempenho; por outro, que ele já não precisa mais sentir-se sozinho com suas inseguranças, pois, ao examinar os erros e as qualidades do outro, encontra maior solidariedade: afinal ninguém é perfeito, e a consciência dos problemas é o passo mais importante na caminhada que leva a sua solução.

Finalmente, há que se alertar para o fato de que essas medidas não seriam, obviamente, desvinculadas de outras políticas de melhoria das condições de trabalho da escola que propiciassem espaços e tempos aos educadores para se desincumbirem de suas atribuições, assunto que será tratado na seção 3 deste capítulo.

2. Condições objetivas de trabalho

Concentrar a atenção sobre a formação dos profissionais da educação como o problema mais importante da qualidade do ensino fundamental,

---

2. Na prática, esse problema se evidencia pelas mais variadas formas. No trabalho de campo, Elaine, professora da primeira série, diz que muitos professores, diante da eventualidade de ter um auxiliar de professor, reagiram dizendo que não queriam uma pessoa dentro de sua sala, vendo seu trabalho, e podendo tomar a sua posição.

como costumam fazer, em seu discurso, as autoridades governamentais responsáveis pelos sistemas de ensino, pode ser uma boa forma de obnubilar os reais determinantes do fracasso escolar, ou seja, as condições objetivas de trabalho.

> Embora não se negue a necessidade de melhor qualificar os professores, especialmente a partir de formação em serviço (mas também não se pode deixar de, paralelamente, passar a aproveitar melhor suas potencialidades, frequentemente subutilizadas), é no conjunto dos fatores constitutivos das práticas presentes no interior da escola que devem ser buscadas as causas de seus problemas e as fontes de suas soluções: no montante e na utilização dos recursos materiais e financeiros; na organização do trabalho; nos métodos de ensino; na formação, desempenho e satisfação do pessoal escolar; nos currículos e nos programas; no tamanho das turmas; na adequação de edifícios; na utilização de tempos e espaços; na distribuição da autoridade e do poder na instituição; na relação com os membros da comunidade e na importância que se dê a seu papel como cidadãos/sujeitos; no planejamento, na avaliação e no acompanhamento constante das práticas escolares; enfim, em tudo que diz respeito à estrutura e ao funcionamento da escola. [...] (PARO, 2001b, p. 99)

Nesta seção não retomaremos todos esses fatores, alguns deles já contemplados no decorrer deste livro, mas privilegiaremos alguns pontos do tema, começando por refletir sobre a natureza do trabalho docente, como condição para se refletir a respeito das condições objetivas que essa atividade requer.

O erro principal que comumente se comete quando se cogita em propiciar condições adequadas ao funcionamento da escola fundamental é o de desconsiderar o caráter específico do trabalho docente. Geralmente se toma essa atividade por analogia a qualquer outro trabalho na produção econômica da sociedade. Esse equívoco é cometido tanto por pessoas que não são da área educacional (e que querem aplicar aí os últimos "avanços" de sua área, especialmente quando se trata de "especialistas" em administração de empresas), quanto por educadores que ainda não chegaram a refletir mais rigorosamente sobre sua própria área. De um modo ou de outro, o resultado é sempre desastroso, e nunca se ouviu falar de alguma experiência no campo educacional que tenha tido êxito com a aplicação aí de "remédios" que são tão eficazes na empresa tipicamente capitalista, sem levar em conta a especificidade da atividade educativa escolar.

O primeiro aspecto a considerar refere-se à diferença que se verifica entre os motivos que levam o professor e o trabalhador comum (chamemos assim o trabalhador da produção econômica tipicamente capitalista) a se empenharem em seus trabalhos. Ao trabalhador comum, o motivo que leva a empregar seu esforço na produção do bem ou serviço de que se ocupa é o salário, ou seja, o pagamento de sua força de trabalho, único meio de que dispõe para produzir sua vida material, isto é, para sobreviver no capitalismo. Ele até pode gostar muito de seu ofício e ter um envolvimento emocional com seu objeto de trabalho. A teoria "geral" de administração até se esforça para provocar alguma forma de envolvimento desse tipo, para provocar um aumento na produtividade. Isto, entretanto, não é uma condição necessária para que seu trabalho se realize. Sua motivação é, portanto, extrínseca à atividade produtiva. Seu objeto de trabalho "reage" passivamente a sua ação sobre ele, "permitindo-se" transformar no produto desejado. É dessa condição que deriva a possibilidade de o trabalho capitalista ser realizado mecanicamente, com o trabalhador permitindo-se, em grande medida (embora não totalmente), abstrair-se da atividade que realiza. Como o motivo do trabalhador para seu trabalho é o salário que recebe, seu empenho na atividade produtiva é sensível ao montante desse salário, ou seja, a promessa de um aumento no salário ou vantagens pecuniárias acordadas entre patrão e empregado têm o efeito de fazer com que este último se empenhe com mais afinco em suas atividades, ocasionando o aumento da produtividade. Um aumento no salário pode induzi-lo a ser mais produtivo na aplicação de seu esforço. No meio empresarial tipicamente capitalista, portanto, tem todo sentido a implementação de programas de remuneração por mérito.

O trabalho do professor da escola fundamental é de constituição completamente diversa, a começar pela natureza do produto que se tem em mira realizar: um ser humano-histórico, cuja propriedade característica é sua subjetividade. Assim sendo, o objeto de trabalho, o educando, mantém necessariamente sua condição de sujeito, não sendo portanto um objeto passivo que se deixa transformar, pelo trabalhador, em produto, como acontece na produção tipicamente capitalista. Isso porque, como mencionamos e como a história da Pedagogia tem reiteradamente demonstrado (PARO, 2010b), o papel principal do professor não é a transformação passiva do objeto de trabalho, mas sim o de propiciar condições para que o objeto de trabalho *se* transforme ao produzir a educação, que consiste na formação de sua personalidade, pela apropriação da cultura. Disso se deduz que, no processo de produção pedagógico, o objeto de trabalho (futuro produto) é também produtor.[3] O fato, reiteradamente lembrado neste trabalho, de que o educando só aprende se quiser tem como consequência que o papel por excelência do professor é propiciar condições para que o aluno queira aprender. Isso só é conseguido por meio de uma relação de diálogo entre educador e educando, isto é, uma relação política que exige o envolvimento de ambos. Nessa relação, o professor precisa estar presente com sua personalidade inteira, não sendo possível uma relação de exterioridade do tipo existente entre o trabalhador comum e seu objeto de trabalho. Seu objeto de trabalho não é, antes de tudo, um objeto externo que cumpre transformar, mas um sujeito com quem cumpre relacionar-se, e essa relação *exige* a condição de sujeito também do professor. Aqui há uma diferença abismal com relação à produção tipicamente capitalista.

Para o professor, há também o estímulo do salário (extrínseco), mas, diferentemente do trabalhador comum, a quem basta esse estímulo extrínseco à atividade para que ele a realize, a natureza específica do trabalho docente *exige* um motivo intrínseco à própria atividade: o professor deve desejar o aprendizado do aluno, este é seu motivo para ensinar. Se,

---

3. Myrtes Alonso chega a tocar nessa questão ao comparar o papel do aluno na organização escolar com "outros tipos de organização", dizendo que "o aluno que é no caso o próprio beneficiário do trabalho a ser desenvolvido pela organização, participa dele diretamente, tornando-se, pois, membro operante da organização que lhe proporciona o serviço em questão, a saber o desenvolvimento de suas capacidades, a aquisição de conhecimentos, então" (ALONSO, 1978, p. 113). Lamentavelmente, essa lucidez em identificar uma especificidade do educando não foi suficiente para que a obra contivesse uma proposta de administração das escolas que fosse além da teoria capitalista de administração.

na relação pedagógica, o professor não estiver provido da vontade de ensinar (de levar o educando a querer aprender), seu desempenho será comprometido e ele não conseguirá levar o aluno a aplicar sua vontade na realização do aprendizado. O trabalho do professor tem, portanto, um motivo intrínseco, diferentemente do trabalho tipicamente capitalista que não só admite mas *precisa* de um motivo extrínseco para realizar-se.

Essa especificidade do trabalho docente encerra a grande contradição da atividade educativa, que não está presente em nenhuma outra espécie de trabalho. No momento em que se evidencia o êxito da ação do educador (quando o educando decide querer aprender), o próprio educador se faz desnecessário (porque quem *se* educa é o educando); mas é nesse momento de "desnecessidade" que se patenteia a efetiva imprescindibilidade do educador, porque, sem ele, o educando não se (auto)educaria. O educador mais presente é aquele que logra fazer-se ausente na atividade autoeducativa realizada pelo educando. Esta visão encontra eco no pensamento de Lourenço Filho, para quem "o ideal de todo educador deve ser tornar-se, assim que possível, desnecessário ao educando, habilitando-o a dirigir-se por si mesmo, ou levando-o ao ponto em que não mais reclame direção alheia" (LOURENÇO FILHO, 2002, p. 146).

Como se pode perceber, a chamada remuneração por mérito que, lamentavelmente, está-se espalhando por todos os sistemas de ensino do Brasil, e que está bastante presente no sistema estadual paulista, é uma medida totalmente descabida, cuja justificativa só pode se abrigar em mentes inteiramente desprovidas de um mínimo de familiaridade com a real condição da atividade pedagógica. Para o professor, diferentemente do trabalhador comum, a atividade que desenvolve não tem (não deve ter) por motivo apenas o salário. Portanto, para o bom êxito do trabalho pedagógico, o salário não pode ser uma simples compensação pelo trabalho (forçado) como acontece com todo trabalho capitalista. Em vez disso, a remuneração justa do trabalho do professor é um dos requisitos necessários para que ele tenha condições objetivas adequadas à realização da atividade que ele tem por incumbência desenvolver. Pretender aumentar a produtividade pela premiação pecuniária denuncia a crença em pelo menos uma de duas opções. A primeira é a suposição da incúria do professor no desenvolvimento de suas atribuições. Com base nela se procura estimular o docente por meios extrínsecos a sua atividade, como acontece na produção capitalista; essa medida se torna totalmente inócua, pelas razões que assinalei anteriormente. A segunda é o reconhecimento (não explícito) de que o salário do professor não é suficiente para propiciar-lhe condições mínimas de trabalho. Neste caso, em vez de adotar uma política geral de reajuste dos salários, em reconhecimento a sua insuficiência, concedem-se prêmios de consolação para os poucos que já gozam das condições menos adversas (que lhes permitem ter melhores pontuações) ou àqueles que, de fato, não têm desenvolvido o mínimo que podem, premiando-se assim os que menos mereceriam tal prêmio. Em suma, num sistema bem administrado, com consciência das autoridades sobre a natureza do trabalho pedagógico, o aumento deve vir antes, como parte das condições propícias de trabalho, não depois, como êmulo vil, que põe em dúvida a honestidade do professor em seu trabalho, e faz a ele uma proposta espúria, em tom de chantagem: "se você deixar de ser relapso, eu lhe ofereço uma recompensa".

Têm razão portanto as entidades de professores e de profissionais da educação de modo geral quando se voltam contra essa indignidade que está sendo apresentada como última palavra em gestão, para salvar a qualidade do ensino nacional contra os maus profissionais da educação, culpados únicos pela má qualidade do ensino.

Mas a propaganda feita na mídia e a ideologia capitalista que domina o senso comum levam muitas pessoas a apoiarem a medida. No trabalho de campo, Vera Sanches, coordenadora pedagógica da escola pesquisada, acha correta a remuneração por mérito. Ela menciona um bônus anterior que continua sendo oferecido todo mês de fevereiro, que tinha uma série de requisitos para que o professor o recebesse, mas que agora se baseia unicamente na assiduidade. Diz que foi bom porque, com isso, acabaram as faltas. Agora, com a chegada da nova secretária de educação, "a escola vai concorrer com ela mesma". Na verdade, ela concorda que se deve exigir do professor, porque tem muito professor que, diante de uma nova tarefa, diz: "Ah, eu não ganho para isso." Então ela acha que se deve cobrar responsabilidade. Mas concorda também que isso tudo é muito bonito no papel e espera para ver o que vai acontecer de fato.

Antônia, auxiliar de professora, diz que a remuneração por mérito é muito criticada, mas ela acha "muito justa", porque, como em qualquer tipo de trabalho, quem trabalha melhor deve ter uma recompensa. "O professor, ele tem também que ter um incentivo. E qual a maneira de você incentivar o professor? Ele tem que ter uma boa qualidade de vida." Reitera várias vezes que acha a medida justa. Depois, contraditoriamente, ao ser questionada, diz que "vai existir professor enquanto existir amor. Porque ser professor é amor. É você gostar de sua profissão, é você amar a sua profissão. Porque, quando o professor gosta, quando o professor ama, ele está sempre procurando melhorar." Pergunto: "Então amor se compra?" Antônia tenta argumentar que não se compra, mas quem faz tudo certo tem de ser diferenciado. "Alguém vê quando o professor faz o bem? Mas quando dá errado vê, não é? Quando está tudo errado, aí vê." Acha que, então, quando está tudo certo, tem de recompensar, não ficar só com elogios. Argumento com Antônia que, se alguém trabalha melhor motivado pelo prêmio, significa que esse alguém está fazendo aquém de sua obrigação ou daquilo que ele pode render com o prêmio. Significa, portanto, que aquele que é normalmente menos dedicado vai receber um prêmio, enquanto que aquele que já dá seu máximo não vai receber. Antônia não consegue resolver o impasse e começa a falar sobre a demagogia dos que dizem que não se importam com o abono. E se atrapalha toda sem conseguir argumentar coerentemente a favor de seu ponto de vista.

Vanessa, professora da segunda série, diz que não entende muito como funciona a remuneração por mérito, mas acha que é justo os professores que rendem mais ganharem mais. Porque há professores que "encostam o corpo" e não fazem nada pelo aprendizado.

Márcia, vice-diretora, acha um absurdo a remuneração por mérito.

Ai, professor, eu acho isso um absurdo porque eu acho que você, na sua função, se você já está predisposto a fazer aquilo, você tem que fazer aquilo e aquilo muito bem, não você fazer bem porque você sabe que você vai receber alguma coisa em troca e você vai ter mérito depois. Eu acho um absurdo isso. Eu acho que não tem que ter isso. [...] É a função da pessoa, fazer e fazer bem, né.

Também Elaine, professora da primeira série, mostra-se muito convincente em sua posição contrária à medida.

> Eu penso assim: quando você entrou, você sabia que ia ganhar aquele x salário, que você ia fazer aquela carga horária. O meu trabalho eu faço pelo meu trabalho, não por quanto... Claro que a gente trabalha para viver. Mas, independente de qualquer coisa, sempre batalhei pelo meu compromisso. [...]

Elaine acha também que esse sistema mexe muito com a dinâmica da escola. "Eu acho que tem professores que ficam muito presos a isso. Então, 'você só vai ganhar se você fizer'. Eu acho que não, no momento que você entrou num projeto, você tem que fazer aquilo por aquele projeto." A secretária Inês também faz críticas à medida dizendo: "O bônus é um dinheiro que te dá para você não falar nada. É um 'cala-boca'. [risos]." Diz que no tempo do governador Geraldo Alckmin era uma quantidade razoável, mas que agora, no governo José Serra, resolveram estabelecer padrões e isso abaixou muito. Sobre a mesma questão, Andreia, professora da terceira série, afirma: "Eu não concordo." Diz que, se a professora se esforça mais é pensando no dinheiro. "Mas eu fico desorientada na minha sala de aula, doidíssima, tentando fazer, mas eu não tenho resposta da criança. [...] Eu não vou ganhar nenhum bônus, mas não é porque eu não mereci, [e sim] porque eu tenho problemas na sala..." Diz que muitos problemas não são pedagógicos e por isso não podem ser resolvidos por maior esforço e competência do professor.

Outra medida que mereceu a atenção dos entrevistados no trabalho de campo foi a propalada iniciativa do governo do estado de São Paulo de colocar dois professores nas primeiras e segundas séries do ensino fundamental. Em entrevistas na imprensa e em farta publicidade na mídia, o governo do estado se jacta de oferecer um ensino de melhor qualidade ao colocar um segundo professor na sala de aula. Na verdade, como pudemos constatar na escola pesquisada, não se trata de um novo professor mas de um estudante de Pedagogia ou Licenciatura que atua como "auxiliar" do professor. Esse auxiliar de professor recebe uma "bolsa universidade" no valor de 460 reais,[4] que ele usa para ajudar no pagamento das mensalidades do curso superior que frequenta. Trata-se de um convênio do governo com a universidade. A bolsa não cobre os meses em que não há aula na rede, mas as mensalidades na faculdade continuam a ser cobradas nesses meses.

A medida parece trazer algum benefício quando se trata de estudante decidido a trabalhar com educação, em geral os provindos dos cursos de Pedagogia. O problema maior é quando o interesse do estudante é apenas ter uma pequena renda para pagar sua faculdade. De um modo ou de outro, dizer que se tem um "segundo professor" em sala é estar muito distante da verdade. Se já se fazem críticas acerbas (e até levianas, vindo precisamente da Secretaria da Educação do estado de São Paulo) a respeito da qualidade do professor diplomado em nível superior, o que dizer de um estudante que ainda não tem seu curso sequer concluído? Parece que no caso do estado de São Paulo, mais uma vez a realidade está muito distante do discurso. Fala-se em investimento em educação, em esforço para melhorar o desempenho docente, mas apenas se remedeia (muito precariamente) a situação, utilizando-se mão de obra barata e desqualificada.

Na escola pesquisada, todavia, Antônia — auxiliar da professora Elaine, da primeira série —, ouvida em entrevista, revela que a experiência tem sido benéfica, especialmente para ela, que está aproveitando a oportunidade como se fosse um estágio profissional. Ela acha que "foi muito bacana essa ideia de ter professor auxiliar". "Eu estou tendo uma liberdade bacana para estar trabalhando aqui. A responsabilidade é da professora da sala, e a gente ajuda, auxilia, sem interferir no que o professor está dando. Você pode até dar um palpite, mas sem interferir. A liberdade total, assim, é do professor mesmo."

Acha que um só professor na primeira série é muito pouco. "[Uma professora,] numa sala de primeira série, realmente ela faz milagre para conseguir." Diz que, normalmente, se o professor tem que sair por uma emergência qualquer, não há ninguém para auxiliá-lo, ficando com a

---

4. Pouco mais que o valor do salário mínimo na ocasião (2008), que era de 415 reais.

classe, por exemplo. Note-se o tipo de "segundo professor" que o exce-
lentíssimo senhor governador diz ter acrescentado às funções do ensino:
um estagiário (que nem precisa estar interessado em educação) para levar
recado e vigiar os alunos, em seu confinamento diário, quando o primeiro professor sai. Mas, do ponto de vista do "estagiário", se ele estiver
interessado no exercício da profissão de professor no futuro, a medida
pode ser proveitosa. Diz Antônia:

> Se a pessoa puder procurar aquela professora que já está há muitos anos na
> escola, é muito bom, porque ela tem muita experiência, uma carga maravi-
> lhosa, ela conhece já os alunos e já sabe como lidar em cada situação. E este
> ano eu peguei uma professora novinha, que está começando agora na pri-
> meira série, ela trabalhou em creche e tudo, que, então, praticamente, esta-
> mos aprendendo junto a estar numa sala de aula. Eu acho que, para os
> alunos, isso contribui também muito, porque o aluno, ele gosta daquele
> professor presente. Ele gosta que você passe de carteira em carteira, ele
> gosta de mostrar para você o que ele está fazendo. E quando você vê o que
> o aluno está fazendo, você conhece melhor o aluno, você sabe onde ele está
> errando, onde ele está acertando, você sabe qual é a atividade [com] que
> você pode melhorar o aprendizado dele, que você vai dar e que vai ajudar
> ele. Porque às vezes tem que trabalhar diferenciado de aluno para aluno.
> Você passa uma matéria para todos, mas às vezes um aluno não consegue
> alcançar, um outro você vê que pode avançar mais. Então, quando você tem
> um apoio de um professor auxiliar na sala, eu acredito que seja bacana. Do
> meu ponto de vista está muito bom [...]

Antônia diz que a bolsa é para alunos de Pedagogia ou de Letras,
mas que os alunos de Letras não estão gostando muito, não. E também
está havendo resistência por parte dos professores. Mas a professora
Elaine diz que a auxiliar Antônia ajuda muito na aula.

> Ajuda muito, muito, muito. Porque, às vezes, a gente tem que passar ativi-
> dade na aula, rodar mimeógrafo, recolher, colocar bilhete, [...] o professor
> tem até que ir ao banheiro. Então, às vezes... eu mesma não gosto de deixar
> ela sozinha. Então, ela está aqui, ela ajuda, tem alguma coisa para resolver

na secretaria, ela fica um momento com eles. Então, ajuda muito. Mas a responsabilidade de quem está aqui à frente da sala [é minha].

Indagada sobre a medida do atual governo do estado que diz ter posto mais um professor nas primeiras séries, Andreia, professora da terceira série, diz: "Pôs um auxiliar, mas que não é um auxiliar. É uma professora que faz... roda, leva recado... não aquela professora que está aí... [...] É uma auxiliar, mas não está ali, pedagogicamente falando. [...] Não é uma segunda professora." Diz que a auxiliar é uma simples estagiária, que pode nem seguir a carreira de professora no futuro. É uma simples ajudante da professora. Diz que o governo faz a propaganda, mas "não é isso, não; não é uma professora na sala de aula".

A vice-diretora Márcia concorda também que são os baixos salários que impedem de ter bons professores. Acha que os professores de classe média para cima, que fazem boas faculdades e que poderiam ser bons professores, não aceitam o emprego por causa do salário. Menciona a medida do governo atual (José Serra), que diz, na TV, que há dois professores nas salas de primeira e de segunda séries, "mas isso é mentira". O que há são alunos de faculdade, que recebem uma bolsa, mas que não sabem nada de magistério e que muitos nem vão ser professores no futuro porque não vão ter chance.

Em resumo, podemos concluir que, como acontece "normalmente", o governante gasta na mídia, com publicidade enganosa, o dinheiro que poderia ser empregado em melhorar as condições de trabalho dos professores.

3. Gestão do tempo

Espaço e tempo oferecidos ao professor da escola fundamental são dois elementos importantíssimos para o desenvolvimento de um trabalho em que as potencialidades físicas e intelectuais dos docentes sejam postas a serviço de um bom ensino. Com relação ao espaço, a óbvia necessidade de acomodações e mobiliário adequados ao desenvolvimento das atividades educativas e de seu planejamento tem a ver, em grande medida, com a organização das turmas de alunos e o oferecimento de espaços e instalações de acordo com uma maneira nova de se organizar. A superação da tradicional forma de dispor turmas em "classes" com 30 ou 40 alunos, sentados enfileirados e "assistindo" às aulas de maneira mais ou menos formal, certamente exigirá um edifício escolar organizado de forma a atender, confortavelmente, a vários grupos pequenos de estudantes que participam das atividades educativas de maneira mais livre e espontânea. Esse assunto foi tratado no capítulo 3 e não será retomado aqui.

A gestão do tempo dedicado aos afazeres escolares refere-se à necessária consideração de que o trabalho do professor não se restringe à atividade na situação de ensino, mas exige horários, incluídos em sua jornada de trabalho, nos quais ele possa, na integração com seus colegas, planejar e avaliar seu trabalho, receber assessoria pedagógica (inclusive por meio de cursos e outros programas idealizados para esse fim), estudar, acompanhar e orientar grupos de estudantes, discutir questões do ensino e da gestão escolar, realizar contatos com a comunidade externa à escola, bem como outras atividades que jamais poderão ser realizadas se o ofício de professor for entendido como sendo limitado pelas paredes de uma "sala de aula". Acrescente-se que o trabalho do professor não se confunde com o do mero preceptor, visto que sua função de educar deve estar integrada na escola com toda sua complexidade social. No dizer de José Mário Pires Azanha (1998, p. 16), "o professor individual que ensina e o aluno individual que aprende são ficções". Por isso, é o trabalho coletivo dos educadores escolares que deve ser levado em conta quando se fala em organização do trabalho docente, com vistas a uma estrutura democrática da escola.

A primeira condição para que se possa fazer uma gestão do tempo adequada às exigências de um ensino de qualidade é o estabelecimento de uma carreira do magistério, que não apenas lhe dê o estímulo necessário para seu desenvolvimento profissional, mas que lhe garanta um trabalho de dedicação exclusiva à docência numa unidade escolar, sem ter de ficar vagando em vários espaços institucionais para completar um salário que lhe garanta a subsistência.

Outro aspecto que espanta pela falta de consciência não apenas dos administradores dos sistemas de ensino mas também dos próprios professores é a disparidade que há no salário dos professores da educação básica em comparação com os vencimentos dos professores universitários. Essa tradição certamente vem, por um lado, da maior valorização do trabalho universitário, porque sempre foi dedicado às camadas mais ricas; por outro, pela adoção de um conceito também tradicional de educação que a identifica apenas com a "passagem" verbal de conhecimentos. Dessa perspectiva, ensinar na universidade exige maior capacidade, na forma dos conhecimentos mais avançados e mais complexos que precisam ser "transmitidos" aos alunos, em comparação com os conhecimentos (mais simples e menos extensos) que o professor do ensino básico precisa "passar" para seu alunado.

Todavia, esse raciocínio perde inteiramente sua validade, da perspectiva de uma didática que incorpora os conhecimentos científicos mais recentes, e a partir de um conceito de educação não como simples "passagem" de conhecimentos, mas como prática social em que o educando se apropria da cultura na formação plena de sua personalidade. Dessa perspectiva, como vimos no decorrer deste livro, o papel crucial do educador é precisamente oferecer ao educando condições para que ele se faça sujeito de aprendizado. Para isso não basta dominar os conhecimentos (ou mesmo a cultura) que oferece; é preciso, acima de tudo, levar em conta o educando com quem lida, se quer ter êxito na tentativa de fazê-lo sujeito, de levá-lo a *se* educar. A esse respeito, o professor do ensino fundamental e o professor do ensino superior lidam com populações de educandos totalmente diversas. O alunado do ensino superior é composto por pessoas adultas, que já têm suas personalidades formadas, podendo fazer-se sujeitos (querer aprender) muito simplesmente a partir da exposição de um professor "explicador" (RANCIÈRE, 2004), o que não acontece com os alunos do ensino fundamental, cuja personalidade está em processo de formação, e cuja educação só tem condições de se realizar quando se leva em conta os diversos momentos de seu desenvolvimento biopsíquico e social.

A capacitação pedagógica de um docente do ensino fundamental, por isso, envolve uma formação profissional e técnica muito mais complexa, muito mais rica de conhecimentos e habilidades do que a formação de um docente universitário. Entretanto, o professor do ensino fundamental não apenas ganha menos que o do ensino superior, como também não conta com as horas para estudo e pesquisa, para além de sua atividade na situação de ensino, como conta este último (embora apenas nas boas universidades públicas). Certamente, não se trata de reivindicar a restrição das condições objetivas de trabalho do professor universitário (especialmente quando se trata das escolas privadas, em que o docente em sua grande maioria também precisa ter mais de um emprego para se manter). O que se precisa é tomar consciência de que o trabalho do professor do ensino fundamental reclama uma carreira de magistério que contemple suas necessidades de tempo e de salário que hoje estão muito longe de ser atendidas.

Sobre a carreira do professor, Vera Sanches, coordenadora pedagógica, diz: "Primeiro, que eu acho que o professor não tem carreira. Ele cumpre um tempo aqui de trabalho como um outro qualquer. E às vezes até muito mal. Não tem carreira, não, viu Vitor. Não é aquela coisa prazerosa, não é aquela coisa 'eu vou me aplicar para isso'..." Diz que, se o professor é bastante interessado, ele chega logo à faixa mais alta e para. A partir daí, ele não tem nenhum estímulo, a não ser esperar a aposentadoria.

Raquel, a diretora da escola, diz que na Escola Célia Cintra os professores estão em final de carreira.

> Então, essas escolas mais centrais, são professores em final de carreira... [...] Então, nessa escola, eu vejo como uma docência acomodada, que está esperando a aposentadoria. [...] Eu já estive em escolas em que, [n]a maioria, eram OFAs [Ocupantes de Função-Atividade], não eram efetivos, jovens [...] Então, por exemplo, eu tenho três professoras com 30 anos, são as mais contemporâneas [...] e elas têm mais entusiasmo, elas ainda acreditam que a docência sirva para você estar formando...

Perguntada sobre o que mudaria na carreira docente, Raquel diz que "daria condições para eles trabalharem melhor". E para isso, ela acha que deveria ter um regime de dedicação exclusiva, como tinha quando trabalhava numa escola experimental. "Se você der condições dignas para um professor estudar e poder se aperfeiçoar, e poder trabalhar sossegado, eu acho que ele se sentiria mais feliz, se sentiria com uma carreira, né."

Marilda, professora da quarta série, acha que as escolas são todas iguais, e o que precisa é dar melhores condições para o professor trabalhar. "Acho que muda só o endereço, muda uma coisinha na administração, outra hora na coordenação, mas são todas iguais. Eu vejo da seguinte maneira: se você tem o aluno e tem o professor, a escola funciona. Sem isso a escola não funciona." E acrescenta:

> Se deixassem o professor um pouquinho mais livre para trabalhar com os alunos, eu acho que daria mais certo. Não fugindo da sua obrigação, entendeu? Porque você tem uma obrigação a cumprir. Eu penso assim: eu venho para cá, eu dou a minha aula e vou para casa e boto minha cabeça no travesseiro e durmo tranquilo. Porque eu fiz o meu papel, eu não enrolei o tempo que eu estava aqui. Separo muito as coisas, o profissional e o coleguismo eu deixo muito bem separado. Então, eu saio daqui, eu saio tranquila.

Andreia, professora da terceira série, diz que o professor hoje tem muita responsabilidade e, por isso, oferecer melhores condições de trabalho significa também lhe dar mais alguém para auxiliá-lo. Vera Sanches, coordenadora pedagógica, diz que, em virtude das más condições de trabalho, não sente entusiasmo do professor para participar nem mesmo das reuniões com pais ou outras iniciativas relativas à dinamização da participação na escola.

> É aquilo que eu volto a repetir: a participação do pai não é espontânea, do aluno não é espontânea, do professor... Eu tenho, esse ano... os meus conselhos de classe serão aos sábados. Não é dia letivo, eu não posso convocar porque convocação implica em pagamento. [...] Olha a minha situação: uma professora avisou que não poderá vir. Tá, bacana. Só que ela faz parte do colegiado, eu preciso fechar meu conselho; como é sábado eu não posso convocar porque como é sábado precisaria pagar... Então, o que eu percebo é que é assim uma troca, não é espontâneo, eu não venho com prazer fazer aquela atividade. É isso que eu sinto.

Professora Vanessa, da segunda série, diz:

> Eu acho que a gente ganha pouco e é desvalorizado ainda. Quando eu falei que ia fazer Pedagogia, meu primo falou assim pra mim: "Você não tem

capacidade para fazer nada melhor?" [...] Eu falei: "Não, justamente porque eu acho que eu tenho capacidade é que eu quero melhorar a educação." Pode ser uma viagem minha mas eu tenho essa ideia.

Elaine, professora da primeira série, diz que chegou entusiasmada na Escola Célia Cintra e ouviu de professores mais antigos: "Ah! Daqui a vinte anos você não vai estar pensando isso." Mas diz que, em contato com os colegas, percebeu "que tem professores que também têm vinte anos [de trabalho] e eu admiro, assim, está como eu que cheguei aqui agora: entusiasmado, envolvido, tem sempre uma ideia nova..." Ela acha que os professores são bons, mas que a escola "pegou uma carga meio da família, a família deixou um pouco de fazer a sua parte também, em casa. Eu acho que é isso que deixa eles um pouco mais desmotivados." Porque os pais têm de trabalhar fora, eles não têm tempo de ver o caderno do filho, estimular, etc.

Em suma, a constatação óbvia a que se chega é que a boa gestão do tempo com vistas a uma educação escolar de qualidade exige, antes de mais nada, que haja tempo, em quantidade suficiente, para ser gerido. Daí a reivindicação de uma carreira do magistério que contemple a dedicação exclusiva do professor. Além disso, quando se trabalha com a perspectiva de novas condições de organização do ensino na prática escolar cotidiana, é a essas novas condições que a gestão do tempo precisará adequar-se. O que tem relação com outros temas tratados neste capítulo como a assistência pedagógica, a organização do trabalho do professor, a formação em serviço e a valorização do trabalho docente.

Capítulo 6

Estrutura da Escola e Autonomia do Educando

O tema da autonomia do aluno no contexto escolar, começando pela situação de ensino e se expandindo para as tomadas de decisões no âmbito da administração da escola, é de tão ampla extensão que quase se pode dizer que coincide com o tema da própria educação escolar. Como vimos reiteradas vezes, não pode haver verdadeira educação se não se consegue a autonomia do educando, ou melhor, se ele não *se faz* autônomo, isto é, alguém que se governa por si mesmo. Em virtude disso, o tema da autonomia do educando se faz presente em todo o percurso deste livro, em especial no capítulo 3, ao abordarmos a estrutura didática. Desse modo, no presente capítulo, não convém retomar com minúcias todas as ideias já consideradas, mas apenas tocar em alguns aspectos da matéria, suscitados pelo trabalho de campo, que julgamos ser relevantes para o exame da questão.

1. A questão da autonomia

Certamente, uma das questões mais espinhosas com que se defronta quando se trata de conceber uma educação escolar verdadeiramente democrática diz respeito à autonomia que deve caber aos educandos na escola. No ensino tradicional, em que o aluno é tido como mero receptor de conhecimentos e informações, o assunto é facilmente resolvido com a aceitação de que às crianças cabe apenas obedecer àquilo que é estabelecido pelos adultos, estruturando-se a escola de modo a atender a esse mandamento. Por isso, a organização para a obediência prevalece não apenas nas atividades-meio mas também nas atividades-fim. Quando, porém, se toma como pressuposto a liberdade dos educandos para se fazerem sujeitos do ensino, o processo se torna bastante complexo, porque não se trata tão somente de dar ou negar autonomia. Autonomia, a exemplo do que acontece com a educação, é algo que deve ser desenvolvido com a *autoria* do próprio sujeito que se faz autônomo. Isso acarreta implicações imediatas para a forma mesmo de realizar-se o processo ensino-aprendizagem.

Na escola tradicional está muito bem assentado que a situação de ensino se dê na forma de um professor comunicando-se, numa sala de aula, com uma turma de alunos sentados em suas carteiras enfileiradas, durante praticamente todo o período de aula. Mas, num contexto educativo em que se supõe a participação ativa dos educandos, considerando seus interesses e necessidades, como serão administrados o tempo e o espaço, tendo em vista o melhor desenvolvimento do aprendizado? Como serão organizadas as turmas ou grupos de estudantes? Como serão dispostos os espaços e equipamentos? Que tamanho e disposição terão as salas de aulas e demais ambientes de aprendizado e convivência? Essas e outras perguntas relacionadas à maneira de se processar as atividades-fim da escola precisam ser respondidas quando se sente a necessidade de romper com a monótona sala de aula tradicional, na qual os estudantes vão, não para participar como sujeitos, mas apenas para receber informações.

Todavia, a situação de ensino não é o único momento que deve ser objeto de preocupação quando se toca no tema da autonomia dos alunos. É preciso considerar também a questão da participação discente nas tomadas de decisão da escola de um modo geral. E aqui não se trata de considerar apenas os mecanismos institucionais de participação (grêmio estudantil, assembleia de estudantes, etc.), mas principalmente a controversa discussão a respeito do sentido e da medida dessa participação. Quanto ao sentido ou à legitimidade da participação, parece não haver dúvida, de uma perspectiva de educação democrática, de que, à necessária condição de sujeito do educando prevalecente nas atividades-fim deve corresponder um poder de decisão discente no funcionamento geral da instituição educativa. Na verdade, não faz sentido uma descontinuidade entre esses dois momentos, e em todas as experiências bem-sucedidas de educação democrática sempre teve destaque a participação dos estudantes na organização e funcionamento da instituição educativa. (cf. BREMER; VON MOSCHZISKER, 1975; CANÁRIO et al., 2004; ESCOLA DE BARBIANA [20--?]; FREINET, 1996; MAKARENKO, 2005; NEILL, 1976; PISTRAK, 1981).

No entanto, quando se trata da medida da participação, é preciso um cuidado maior para não se cair nem na restrição desmedida, sob o pretexto de que as crianças não sabem o que querem, nem no mero espontaneísmo, sob a alegação de que não se deve inibir nenhum desejo das crianças. No primeiro caso, se nega a subjetividade do educando, no segundo, o abandona à própria sorte. O que se precisa ponderar é que, se, por um lado, a autonomia não pode ser outorgada, mas se desenvolve com a participação do próprio educando, por outro lado, ela não nasce do nada, mas exige a mediação do educador. Essa ponderação está bem presente nas palavras de Pistrak, para quem

> é preciso dizer francamente que, sem o auxílio dos adultos, as crianças podem, talvez, se organizar sozinhas, mas são incapazes de formular e de desenvolver seus interesses sociais, isto é, são incapazes de desenvolver amplamente o que está na própria base da auto-organização. Acrescentaríamos que o pedagogo não deve ser estranho à vida das crianças, não se limitando a observá-la. Se fosse assim, de que adiantaria nossa presença na escola? Exclusivamente ao ensino? Mas, de outro lado, o pedagogo não deve se intrometer na vida das crianças, dirigindo-a completamente, esmagando-as com sua autoridade e poder. (PISTRAK, 1981, p. 140)

O mesmo educador reconhece a necessidade de buscar a medida adequada da interferência do adulto, acrescentando:

É preciso encontrar a linha de comportamento justa, evitando, sem dúvida, o esmagamento da iniciativa das crianças, a imposição de dificuldades a sua organização, mas permanecendo, de outro lado, o companheiro mais velho que sabe ajudar imperceptivelmente, nos casos difíceis, e, ao mesmo tempo, orientar as tendências das crianças na boa direção. Para falar de forma mais concreta, isto quer dizer que é preciso suscitar nas crianças preocupações carregadas de sentido social: ampliá-las, desenvolvê-las, possibilitando às próprias crianças a procura de formas de realização. (PISTRAK, 1981, p. 140)

Para qualquer política pública comprometida com a democratização da escola fundamental, a consideração dessas questões deve reforçar a convicção de que elas merecem uma reflexão profunda, de modo a sub-sidiarem a proposição de medidas e a criação de mecanismos institucio-nais que garantam e estimulem a participação autônoma das crianças nos assuntos que dizem respeito a sua educação escolar.

2. A autonomia na prática

Como vimos, a escola estadual em que foi realizado o trabalho de campo da pesquisa só abriga a primeira parte do ensino fundamental, também chamada de Ciclo I, que inclui alunos de primeira a quarta série. Não há grêmio estudantil ou qualquer outra instituição que represente os interesses discentes. Por outro lado, as crianças não têm idade mínima necessária para participar do conselho de escola.

Como o trabalho de campo não inclui entrevistas com as crianças, as considerações deste capítulo sobre a autonomia discente se baseiam, com relação ao trabalho empírico, nas observações de campo (aulas, reuniões, corredores, pátios, atendimentos discentes, etc.) e nas entrevistas realiza-das com os professores e demais trabalhadores da escola.

Um tema que sempre se apresenta quando se fala de autonomia de crianças em idade escolar, especialmente quando se refere ao ensino fun-damental, é a questão da disciplina ou comportamento dos alunos. Esse tema apareceu reiteradamente nas entrevistas na E. E. Célia Cintra, mas sem constituir propriamente um problema dessa escola. Em geral, ao se tocar na questão da autonomia estudantil, os entrevistados se reportavam aos problemas disciplinares, com a ressalva de que na Escola Célia Cintra é muito difícil encontrá-los. O que as pessoas alegam é que isso se dá devido à escola atender a crianças menores, da primeira metade do ensino fundamental, muito menos "indisciplinadas" e "violentas" do que as do chamado Ciclo II.

Inês, secretária, diz que não é muito frequente o professor da Célia Cintra enviar aluno para a diretoria. Não tem visto muito problema de disciplina também. Antônia, auxiliar de professora, diz:

> A disciplina, você não pode ser severo com o aluno. Está certo. Mas também você não pode deixar o aluno fazer o que ele quer. Então, eu acho que a disciplina você vai ter que dividir com o aluno. Você vai ter que negociar com o aluno, conversar com ele e falar para ele: "Olha, eu estou aqui para ajudar vocês, mas vocês estão aqui para me ajudar."

O raciocínio de Antônia parece ter a lógica do adulto em geral, que não percebe que, com a criança, não basta combinar, porque ela não segue a mesma lógica. É preciso oferecer condições que a leve a respeitar o que se combina. É preciso também ter muito cuidado com aquilo que se combina. É preciso saber se a criança terá condições (em vista de seu desenvolvimento biopsíquico) de cumprir o combinado.

Nas observações feitas na escola, não foram percebidos atos de indisciplina ou violência por parte dos alunos. Nas entrevistas, um ou outro aluno é referido pela professora como mais indisciplinado. Elaine, professora da primeira série, afirma que sua classe é muito boa em termos de disciplina, que os alunos aprendem muito bem. Para ela, o aluno deve ter a liberdade de levantar do lugar, de pedir um material emprestado, de conversar com o outro, mas muito professor entende isso como indisciplina, quando, na verdade, é uma necessidade da própria criança, pela idade em que ela está. Conta que em sua classe só há uma aluna que é problemática: "A sala era uma sala assim que eles eram bem tranquilos. A sala ficou um pouco desestabilizada na questão disciplina por conta de uma aluna, que está aqui que, nossa! ela deixa às vezes a sala de pernas pro ar..."

Tive ocasião de presenciar um dos episódios com essa aluna. Estando sentado num banco do pátio de entrada da escola, à espera da professora Vanessa para a entrevistar, ouvi alguns gritos (que depois fui saber que eram da professora Elaine) vindos de uma das salas: "Chega! Assim não dá!", etc. Permaneci no pátio, enquanto aguardava para falar com Vanessa. Apareceu uma garotinha dizendo que a professora a pôs para fora da sala. Estava um pouco encabulada, sentou-se a meu lado, e logo em seguida passou Vera Sanches, a coordenadora pedagógica. A aluna diz também para ela que a professora a pôs para fora. Vera Sanches pergunta por que e, com muito carinho, a leva de volta para sua sala. Não acompanhei o que aconteceu em seguida, mas na entrevista com Elaine esta me reportou o acontecido, dizendo que há ocasiões em que é impossível manter a calma.

Marilda, professora da quarta série, constitui uma exceção ao se referir ao comportamento dos alunos na E. E. Célia Cintra. Diz que um problema que tem na escola é a disciplina.

Eles não têm respeito, entendeu? Eles não sabem se colocar no lugar deles. Eu sou muito brincalhona, eu deixo elas falarem o que pensam, eu gosto de ouvir o que eles têm a dizer... Mas, assim, eu acho que tem hora para tudo: hora para bater papo, hora para se discutir um assunto que está em discussão ali, mas eles brincam muito, eles estão acostumados a dar muita festa dentro da sala de aula.

Mas ela diz também que isso não se torna problema com relação a seus alunos e afirma que a solução para a indisciplina é saber manter a autoridade, respeitando a criança, aproximando-se dela. "Não é difícil você conquistar uma criança e ela ter o respeito por você. Não é difícil."

No exame do conceito de disciplina, convém considerar a contribuição de Herbart, um dos clássicos da Pedagogia, ao estabelecer a diferença entre *governo* e *disciplina*. O governo diria respeito às ordens que a criança deve cumprir inapelavelmente, independentemente de sua vontade e compreensão; enquanto que a disciplina seria de caráter mais "flexível", tratando de normas que se ensinam à criança, como formação, no contexto de sua aprendizagem.

Por isso, dirá Herbart: "O governo, nos casos em que recorre à pressão, pretende que seja simultaneamente sentido como *poder*." (2003, p. 184; grifo no original.) A autoridade embutida na proibição do manuseio de uma arma por parte de uma criança de três anos, por exemplo, não pode depender de sua vontade, nem se pode esperar que a criança compreenda as razões por que está sendo proibida. Nesses casos, continua Herbart, "a pressão tem de se empregar sem concessões, a não ser a imposição da intenção; deve-se ser frio, breve e seco, dando a entender ter tudo esquecido, logo que a questão tenha passado" (p. 184). Mas não é assim quando se trata da disciplina:

> É já muito diferente o *acento* da disciplina. Não deve ser breve e agudo, mas prolongado, persistente, de penetração lenta, só devendo gradualmente deixar de atuar! Pois que a disciplina deve ser entendida como *formativa*. Certamente que não no sentido de esta impressão constituir precisamente o essencial da sua força formativa, mas *não pode* esconder a intenção de *formar*. E ainda que o pudesse: para ser simplesmente *suportável* tem de a apresentar. Quem se não oporia a um tratamento com que, por vezes, sofre a alegria e de que resulta um sentimento constante de dependência ou, pelo menos, quem se não fecharia interiormente, se nela se não pressentisse qualquer princípio de ajuda e de elevação? — A disciplina não deve tocar erradamente a alma, nem tão pouco ser sentida como contrária à sua finalidade. O educando não se lhe deve opor interiormente de modo nenhum, nem mover-se em diagonal como que impelido por duas forças. Mas donde receber uma receptividade aberta e límpida, se não da crença da criança na força e intenção benéfica do educador? E como poderia um comportamento frio, estranho e de repulsa, conduzir a essa crença? [...] (HERBART, 2003, p. 185-186; grifos no original.)

Em suma, pode-se dizer que governo se impõe, disciplina se ensina. Todavia, essa imposição implícita nas regras "intocáveis" e "inflexíveis" do governo não é de modo nenhum incompatível com a autonomia do educando, visto que essas normas também são históricas (ou seja, criadas pelos homens na produção social de sua existência) e, nesse sentido, nada arbitrárias. É inerente a toda sociedade, em especial a sociedades democráticas, o estabelecimento de regras de convivência, de tal modo que algumas sejam consideradas "pétreas", especialmente aquelas destinadas à promoção e preservação da integridade física e social. Não quer dizer que essas regras nunca sejam mudadas, mas que, por sua natureza e objetivos, gozam de maior permanência. Numa democracia, essas regras são criadas pela ação e vontade de cidadãos, no exercício de sua autonomia. Daí a importância da disciplina e de seu caráter formativo, na medida em que, por meio da relação pedagógica, se consegue formar cidadãos, ou seja, os que participam como autores na elaboração das regras que são objeto do governo e da disciplina.

Desse ponto de vista, na medida em que se concretiza no contexto de uma relação pedagógica, supondo portanto a condição de sujeito, ou seja, o envolvimento da vontade do educando, a disciplina só se realiza e se legitima como *autodisciplina*. Recorrendo novamente a Herbart, pode-se afirmar que "a disciplina não tem o seu verdadeiro impacto senão depois que teve oportunidade de realçar ao educando parte do seu eu mediante uma *aprovação profunda* (não propriamente *elogio*!)" (HERBART, 2003, p. 188; grifos no original.).

Para o bom ensino, portanto, a disciplina é apenas mais um elemento cultural do qual os alunos devem se apropriar pela educação. Vera Sanches, a coordenadora pedagógica, diz que, em termos de disciplina dos alunos, na Célia Cintra os problemas são apenas pontuais. O recreio é dividido (em virtude da pequenez do espaço): primeiras e segundas séries num momento e terceiras e quartas no outro. Registram-se pouquíssimos casos de briga e de agressão entre alunos. Vanessa, professora da segunda série, diz que não tem problemas com disciplina dos alunos. Isso foi comprovado na observação de sua aula, em que percebi uma classe notavelmente bem-comportada e orientada de modo tranquilo pela professora, que conseguia a colaboração das crianças com sua atenção e dedicação ao estudo.

Márcia, a vice-diretora, acha que a disciplina no Ciclo I (primeira a quarta séries) é bastante tranquila, o que não acontece no Ciclo II (quinta a oitava séries) e no ensino médio. Perguntada se não é normal que a criança queira correr e brincar, Márcia diz que isso tem limite. Diz que geralmente a criança corre na escola porque as mães não deixam correr em casa. Diz que a escola tem muito aluno de classe média mas que há muito aluno "carente" também, que não têm o apoio em casa. "E, por incrível que pareça, quanto mais carente, mais indisciplinado ele é. Não sei porquê."

Não deixa de ser insólita a reclamação, de certa forma generalizada na escola pública brasileira, com relação à condição de carência e falta de cultura do grande contingente de alunos que recebe. Ninguém aceitaria de um médico, por exemplo, a reclamação de que só lhe mandam pessoas doentes para seu consultório. É ponto pacífico que os que padecem de algum mal físico, os carentes de saúde, são precisamente o objeto da ação profissional do médico. Por que, então, não se espantar diante da alegação do professor ou dos responsáveis por políticas educacionais de que uma das causas por que o ensino não vai bem é o fato de que as crianças são "carentes"? Seria algo até muito engraçado, se não fosse dramática a situação das crianças das camadas populares, que são ainda mais discriminadas precisamente porque têm menos cultura, ou seja, aquilo que se supõe dever da escola lhes oferecer.

A escola, que já é algo inerentemente estranho em relação ao ambiente familiar, mesmo para as crianças das camadas privilegiadas, torna-se ainda mais difícil para a integração das crianças provindas de lares das camadas populares. Para estas, apresenta-se ainda mais real aquele ambiente de medo a que se refere Gilmar Rocha, em trabalho que examina a relação entre a violência na escola e a síndrome do medo contemporâneo:

> [...] É curioso observar o quanto o medo e a violência parecem inerentes à instituição Escola. Como bem lembra Tuan [TUAN, Y.-F. *Paisagens do medo.* São Paulo: Unesp, 2005], *o ambiente da escola representa uma primeira experiência de medo para as crianças que ingressam na instituição.* Para começar, as crianças têm que aprender a lidar com um mundo novo: desde o ambiente barulhento, às relações com outras crianças e adultos estranhos, com os jogos de competitividade, com o ridículo das *performances* corporais, com o escárnio, o riso e o deboche dos mais velhos, etc. Assim, muitas são as formas de medo na escola. Por exemplo, *medo de prova, medo do professor, medo de não aprender*, pois representam, ao menos em um primeiro momento, situações que fogem ao controle, representam o desconhecido. Mas, paradoxalmente, o custo de

eliminar a violência e o medo, na maioria das vezes, tem sido pago com a violência e o medo. Ao menos é o que tem nos "ensinado" a história da escola moderna. E a percepção de medo aumenta, pois, agora, a escola parece desconhecer os alunos que tem. (ROCHA, 2008, p. 210; grifos meus)

Também revela desconhecimento do ofício o educador que se espanta com a criança que corre, que grita, que pula e se expande. A educação, a autodisciplina, a autonomia do ser humano, devem dar-se a partir dessa sua natural expansividade quando criança, buscando fazê-lo crescer e tornar-se senhor de seus atos, sem coibir-lhe desnecessariamente sua espontânea expressão.

[...] A criança brinca e joga, e mais que o adulto, porque tem em si um potencial de vida que a faz procurar maior amplitude de reações: ela grita naturalmente em vez de falar, corre sem parar em vez de andar, depois adormece profundamente, com a colherada de sopa na boca, e nada a despertará até a manhã seguinte. A atividade que lhe é permitida ou tolerada pelos adultos e pelos elementos não basta para gastar todo esse potencial de vida, ela precisa de um derivativo que não pode imaginar totalmente, que se contenta em copiar da atividade dos adultos, adaptando-o à sua capacidade. (FREINET, 1998, p. 179-180)

Se o ensino público fundamental estivesse fundado em bases científicas que considerassem as necessidades específicas das crianças para viverem enquanto se educam, as escolas estariam muito mais servidas de espaços, de tempos e de atividades planejadas para as crianças darem vazão a sua vitalidade, especialmente para brincarem.

Brincar exige atividade física e/ou mental. O estímulo para brincar vem de dentro das crianças. É a maneira como elas aprendem a respeito do mundo. É inerentemente prazeroso e não requer nenhum objetivo. Quando um objetivo é mais importante do que a atividade, a atividade não é mais uma brincadeira. Em esportes competitivos, por exemplo, quando vencer torna-se mais importante do que o processo de jogar, os jogos ou partidas deixam de ser brincadeira. A habilidade de brincar e se divertir é um sinal de saúde [...]. (LINN, 2006, p. 95)

A escola, muitas vezes, diante da conduta "rebelde" do aluno — reveladora mais que tudo de uma vontade de expressar-se e de expandir toda sua energia vital —, abre mão de sua real função civil (GRAMSCI, 1978) e pedagógica, tratando o aluno com desconfiança, por meio de mecanismos de coerção e vigilância, em vez de utilizar toda a riqueza da relação educativa (fundada no diálogo e na confiança), de modo a ajudá-lo a crescer pessoalmente pela construção de uma personalidade sadia e rica de conteúdo cultural. Tal situação faz lembrar o repto dos rapazes da Escola de Barbiana, na carta que escrevem "a uma professora": "Além disso, de pé, a dois passos de mim, está a senhora. Quem sabe das coisas. Que é paga para me ajudar./E ao contrário perde tempo me vigiando como se eu fosse um ladrão." (ESCOLA DE BARBIANA, [20--?], p. 92)

Mas sabemos que a promoção de uma competente relação pedagógica na escola exige um conhecimento técnico e uma visão crítica de mundo que falta, muitas vezes, ao professor. Por isso, a realidade das escolas, nas investigações que tenho realizado, tem evidenciado que quase nunca a razão principal do fracasso em trabalhar democraticamente com os alunos é a maldade ou a má intenção do professor ou professora. Elaine, professora da primeira série, por exemplo, diz que gosta de fazer uma aula bastante descontraída, que rompe com os padrões tradicionais. Brinca com os alunos, canta, ouve música, faz rodas, etc. Isso faz com que os alunos se sintam à vontade e ela recebe referências dos pais dizendo que os alunos gostam de ir à escola. Essa impressão de Elaine, todavia, não coincide muito com o que foi observado em sua aula. Embora, de fato, as 12 meninas e os 11 meninos de sua turma sejam bastante pacíficos, não fazendo muito barulho, nem desobedecendo à professora, sua aula é um tanto maçante, percebendo-se vários alunos que não fazem nada, parecendo bastante desinteressados. A bem da verdade, Elaine tenta lançar mão de alguns mecanismos que quebrem a formalidade da aula "tradicional", ora organizando os alunos em grupo, num grande círculo, ora procurando estimular sua atividade por meio da manipulação de objetos concretos, como recortar, pintar, etc., mas tudo isso parece ser feito sem a adequada habilidade por parte da professora, não alcançando o fim desejado de tornar a aula mais prazerosa.

Sobre a participação de educandos nas decisões, especialmente por representação nos órgãos de participação coletiva já existentes na escola fundamental (conselho escolar, conselho de classe, grêmio estudantil), os entrevistados da E. E. Célia Cintra, em geral, são favoráveis e criticam aqueles que procuram coibir essa participação.

Raquel, diretora, diz: "O aluno não é escutado, o aluno muitas vezes não é respeitado — e aí eu vou generalizar mesmo — de primeiro [ano do ensino fundamental] até o terceiro ano do ensino médio." À pergunta sobre o que significa isso, Raquel responde:

> Que ninguém para um pouco para escutar os anseios. De quinta à oitava e o ensino médio, eu acho que seja por causa do conteúdo programático: o professor está tão preocupado com aquele conteúdo, que ele não tem a preocupação de parar e falar, porque é que o fulano tá pichando o teto da escola... o professor não escuta o aluno.

Raquel considera importante o grêmio estudantil, mas concorda que tem sido muito difícil de se instituir nas escolas. "A única coisa que funciona é em época de eleição, que formam as chapas e aí fica aquela coisa bem movimentada." Sobre a participação do aluno no conselho de classe, a diretora diz que já fez isso em outra escola em que trabalhou.

> Eu fiz, eu fiz no Silveira Costa[1] e foi uma situação muito de saia justa, porque os professores ficaram muito incomodados; então, na segunda reunião que fizemos com os representantes, eles vieram com uma lista, que a coordenadora tinha dado para eles do que eles podiam falar. Ela já tinha dado um roteiro — sem o meu conhecimento [ênfase] — daquilo que eles poderiam falar. Porque, na primeira reunião, eles falaram tudo. A primeira reunião de conselho a gente faz um mapa da escola (é assim que eu encaro), daí a gente faz o diagnóstico de cada classe, daí a gente fala "a classe tal é assim"... Faz um mapeamento. E aí os alunos começaram a interagir, a falar... e eu até chamei mãe e pai, vieram acho que uns dois ou três.

---

1. Nome fictício. Refere-se a outra escola em que Raquel foi diretora.

Ainda sobre a participação dos alunos, Raquel afirma:

> Primeiro lugar, a representatividade, aquela questão de ter um aluno em cada sala e ele ter a certeza que vai ser ouvido uma vez por semana, de quinze em quinze dias, com reunião com a coordenação, ou com a reunião com um grupo de professores que estivessem ali para escutar os anseios.

Raquel acha que tem que haver a participação dos alunos, para não ficar aquela situação costumeira em que cada professor fica reclamando de sua classe, que os alunos são apáticos, que não participam, etc., etc.

Mesmo não sendo prevista a representação estudantil no conselho de escola da Célia Cintra, em virtude da pouca idade dos estudantes, como há representantes de classe para os conselhos de classe, estes são convidados a participar das reuniões como ouvintes. Mas Raquel, a diretora, se reporta a seu trabalho anterior em outras escolas para dizer que os alunos que participam dos conselhos de escola são os melhores, os mais disciplinados. Andreia, professora da terceira série, diz que os alunos gostam de participar no conselho.

Mesmo uma participação mais radical dos estudantes do ensino fundamental, que implicasse uma mudança na própria gestão escolar, aventada durante a entrevista, foi vista com certa simpatia pelos entrevistados. Assim, os educadores de modo geral não se opuseram a uma configuração institucional em que os estudantes tomassem parte efetiva da tomada de decisões, participando na elaboração de normas e procedimentos que dissessem respeito a sua vida escolar.

Marilda, professora da quarta série, se diz inteiramente favorável à participação das crianças nas decisões na escola. Diz que a Célia Cintra já está começando com isso, por meio dos representantes de classe. Ela se refere à participação dos alunos, levantando e solicitando soluções de questões, na escola, como

> problema de banheiro, problema de corre-corre, machuca, quebra um dente, organização na fila para tomar merenda, por que que a quadra não está disponível para eles na hora do intervalo [...], por que que aqui nessa escola não existe uma cantina — por que têm muitos que não gostam da merenda...

Diz que está em vias de incrementar essa participação, organizando os alunos, não só de sua classe, mas de toda a escola.

Vanessa, professora da segunda série, afirma:

> Eu acho assim: que se eles [os alunos] determinam as regras, eles se sentem mais na obrigação de cumprir do que uma regra que é imposta. Por exemplo, no começo do ano, a gente faz os combinados, as regras da sala. Então, eu deixo — lógico, eu vou orientando — mas eu deixo eles irem colocando esses combinados. Então é mais fácil também eu chegar e cobrar. Eu falo "Oh, vocês quiseram isso, agora vamos cumprir." Eu acho importante a participação dos alunos na decisão das regras, das normas. Eu acho até que eles deveriam participar mais. Eu acho também que os pequenos são mais coerentes até do que os maiores.

Mas, diante da perspectiva de se instalar uma escola com uma espécie de autogoverno, em que também os alunos influíssem na formulação das regras e controlassem seu cumprimento, Vanessa, embora concorde, mostra-se receosa.

> Eu acho que aí tem de ter uma mudança muito, muito, muito grande. Porque a gente vem com essa ideia de sala de aula, de sentar... eu mesma, por mais que a gente saiba que hoje não tem que ser assim, que tem que mudar a prática, eu procuro mudar em pequenas coisas, mas eu... eu tenho medo também que caia na bagunça, que a coisa fique perdida... então a gente tem que estar muito, muito bem preparada para isso. E a própria sociedade, porque a cobrança dos pais é aquela coisa [tradicional].

Sobre os alunos fazerem as próprias regras, Márcia, vice-diretora, acha que é uma boa ideia. "Seria ótimo. Seriam os próprios alunos que fizessem as regras, orientados pelos adultos. Eu acho que aí eles iriam dar mais valor, sim." Pergunto: "E por que não se faz? Seria difícil fazer isso?" Resposta:

> Eu acho que não, eu acho que não é difícil, se partir do trabalho da direção e professores, dos alunos em prol da escola; eu acho que seria aceito. Depende. Eu acho que pode até ser testado. Eu acho que daria certo. Porque quando eles participam, quando eles opinam, eles tendem mais a cumprir.

Elaine, professora da primeira série, sobre a participação dos alunos nas decisões: "Eu acho, assim, que sem aluno não tem escola e eu acho que eles deveriam, sim, mesmo os maiores, eu acho que deveriam participar, assim, das decisões da escola, que nem, aqui teve o conselho, eles são pequenos, mas alguns já deram opiniões boas."

Andreia, professora da terceira série, diz que é favorável a regras e que elas devem ser obedecidas. Uma das regras na escola deveria ser que os alunos devem participar. Diz que, de primeira a quarta, por exemplo, na sala de aula, se estabelecem regras com os alunos, mas acabam esquecendo. É favorável a uma organização de escola em que houvesse regras feitas pelos alunos, de um modo diferente do que acontece na sala de aula.

> Mas aí, por exemplo, seriam alunos que estariam participando de um momento diferente da escola. Não é uma aula, é uma reunião, onde eles têm que participar, onde eles vão dar opinião, eles saberem o que está acontecendo, o que não está acontecendo, o que fazer. Talvez fosse para eles um momento de responsabilidade, em que eles estariam participando bastante da situação.

Sobre a participação do educando na gestão da escola, a coordenadora Vera Sanches é inteiramente favorável. "Porque a escola é dele. A escola é dele. Sabe por quê? Eu acredito que está faltando algum incentivo. Você ter prazer em falar 'Aquela escola é minha!'. Sabe... 'Eu faço parte daquilo'."

Em suma, o que se pode identificar no discurso de professores e demais trabalhadores escolares entrevistados é uma concepção em princípio favorável ao direito e à necessidade de autonomia do estudante. Mas tal visão não parece associar-se a uma convicção capaz de mover novas posturas e iniciativas na prática cotidiana. A estrutura e o funcionamento da escola continuam condizentes com uma prática pedagógica tradicional, e não se percebe nenhuma indignação significativa a respeito dessa situação, que continua à espera de políticas públicas que sejam orientadas por uma concepção de educação em que a autonomia do educando seja ao mesmo tempo um direito de quem se educa e um requisito para a realização efetiva dessa educação.

Capítulo 7

Estrutura da Escola e Integração da Comunidade

A importância da integração da comunidade[1] na escola decorre, em primeiro lugar, da necessidade de controle democrático do Estado pela população usuária (Bobbio, 1989); em segundo lugar, da própria natureza da educação fundamental que supõe, pelo menos num grau mínimo, a continuidade entre educação familiar e escolar. No primeiro caso, trata-se de reconhecer que, numa democracia, não basta a participação popular nas eleições de membros do executivo e do legislativo. É preciso que os cidadãos se façam presentes no local mesmo em que os serviços a que têm direito são oferecidos pela ação do Estado. No segundo caso, trata-se, por um lado, de reconhecer, e levar em conta, que a educação, em seu propósito de formação de personalidade, se inicia muito antes de a criança entrar para a escola, reclamando, portanto, da parte da instituição de ensino, informações sobre a vida pregressa da criança que só seus pais ou responsáveis podem dar. Por outro lado, trata-se da necessária intercomunicação entre educadores escolares e os pais ou responsáveis do estudante para promover um mínimo de compatibilidade entre a forma de educar de ambas as partes, de modo a incrementar a eficiência do ensino.

---

1. Composta pelos usuários efetivos — direta ou indiretamente beneficiários da ação da escola (alunos, pais, etc.) — e usuários potenciais residentes no âmbito regional servido pela escola.

O tema da participação da comunidade na escola e a mútua determinação entre essa participação e a transformação da estrutura escolar envolve uma enorme multiplicidade de questões. Todas elas se reportam, de uma forma ou de outra, a duas dimensões da integração da comunidade à escola: a primeira, mais lembrada nos estudos sobre democratização da gestão da escola, diz respeito ao envolvimento dos representantes da comunidade nos mecanismos de participação coletiva na escola (conselho de escola, APM, conselho de classe, etc.); a segunda, menos enfatizada nesses mesmos estudos, refere-se à participação direta, presencial, dos pais ou responsáveis e demais usuários efetivos ou potenciais no cotidiano da escola. Ambas essas dimensões têm feito parte de diversas pesquisas que tenho realizado sobre a participação da comunidade na escola. Menciono, em especial, *Por dentro da escola pública* (Paro, 1995), em que examino os problemas e perspectivas que se apresentam à participação da comunidade na gestão da escola pública fundamental, e *Qualidade do ensino*: *a contribuição dos pais* (Paro, 2000), que procurou estudar o papel da família no desempenho escolar de alunos do ensino público fundamental bem como as atribuições da escola na promoção da participação da família na melhoria desse desempenho.

No presente capítulo, não abordarei toda a variedade de temas que enseja o estudo da participação da comunidade na escola, nem é esse o objetivo deste estudo, mas apenas mencionarei alguns pontos que, surgidos no contexto da coleta de dados empíricos, suscitam reflexões a respeito da transformação da estrutura da escola.

1. Sentidos e limites da participação da comunidade

Embora a discussão do tema da participação da comunidade na escola não seja recente, ainda permanecem muitos equívocos e mal-entendidos a respeito. Um deles se refere ao sentido e aos limites dessa participação. Sobre isso, é preciso ter claro desde o início que, quando se recomenda ou se reivindica a participação da comunidade na escola pública básica, não se está adotando um conceito estreito de participação que o identifica à simples "ajuda" dos pais ou responsáveis na manutenção da escola. A educação escolar deve ser responsabilidade do Estado, e precisamente por isso os cidadãos pagam impostos que esperam ver convertidos em serviços a que eles têm direito. Mas sabemos que existem políticas governamentais mal-intencionadas que preveem a contribuição pecuniária da família, na forma de mensalidades da APM, e, sob o manto da espontaneidade declarada, estimulam a obrigatoriedade de fato, pela escassez de recursos destinados às unidades escolares que não deixam aos diretores outra opção senão exigir (explícita ou veladamente) o pagamento da APM, para cobrir gastos de manutenção da escola.

Também não se trata de enxergar a participação da comunidade como forma de envolver os pais na execução de serviços de manutenção, fazendo reparos de móveis ou equipamentos ou procedendo à pintura e conservação do prédio escolar. Certamente que nada proíbe que os pais se disponham a executar esse tipo de trabalho, mas que ele não seja o objetivo ou a razão de ser de sua "participação". Assim, a participação *na execução* pode até existir e ser aceita, desde que ela seja uma decisão autônoma dos usuários, decorrente de sua participação *nas decisões*, ou até como mecanismo de atração dos pais para as questões da escola, com o fim de estimulá-los a participar também nas tomadas de decisões. Acerca da participação na execução, os resultados de pesquisa que realizei sobre os determinantes da participação da comunidade na escola possibilitaram-me fazer a seguinte ponderação:

> Na medida em que a pessoa passa a contribuir quer financeiramente quer com seu trabalho, ela se acha em melhor posição para cobrar o retorno de sua colaboração, e isso pode dar-lhe maior estímulo na defesa de seus direitos e resultar em maior pressão por participação nas decisões. Além disso, a participação de pais (e especialmente mães, como tem sido mais frequente) na realização de pequenos reparos, em serviços de limpeza, na preparação da merenda, ou ainda na organização ou cumprimento de tarefas ligadas a festas, excursões e outras atividades, acaba por lhes dar acesso a informações sobre o funcionamento da escola e sobre fatos e relações que aí se dão e que podem ser de grande importância, seja para conscientizarem-se da necessidade de sua participação nas decisões, seja

como elemento para fundamentar suas reivindicações nesse sentido. Às vezes, essa maior potencialização dos membros da comunidade para opinarem e reivindicarem maior espaço na tomada de decisões na escola parece constituir motivo para se evitar que a população participe mesmo na execução, quer diretamente, com sua ajuda nos serviços da escola, quer indiretamente, pelo pagamento de taxas como a da APM. [...] (Paro, 1995, p. 310-311)

Um ponto muito importante na implementação de medidas visando à participação da comunidade refere-se à integração de tais medidas a uma política coerente de participação. A falta dessa coerência tem redundado em completo fracasso em medidas, às vezes puramente demagógicas, promovidas pelo Estado nos vários sistemas de ensino. Um exemplo flagrante é o fracasso de muitos programas governamentais de utilização do espaço escolar pela comunidade nos fins de semana. Com base em pesquisas, ou por ouvir falar a respeito, administradores do sistema procuram implantar, com certo estardalhaço na mídia, programas que permitem ou facilitem o uso da quadra ou outros locais do prédio escolar para jogos, festas ou outras atividades de lazer da população. Na verdade, o que as pesquisas demonstram é que, a partir de um diálogo com os pais e outros membros da comunidade, algumas escolas têm conseguido uma convivência democrática, em que o esforço para atender os interesses da comunidade, a partir de uma participação efetiva nas tomadas de decisões, tem sido recompensado por uma simpática adesão dos usuários da escola, que se reflete inclusive na conservação do prédio escolar e na extinção das depredações que ocorriam quando não havia essa participação. Certamente, nessas escolas em que os pais e responsáveis são respeitados e têm acesso à vida da escola e podem influir nas decisões, também seus filhos acabam recebendo maior respeito e condições de aprender. Da mesma forma, medidas óbvias como a abertura da escola para participação das famílias nos horários e espaços que não estão sendo utilizados por atividade docente acabam sendo implementadas e vistas com simpatia pela comunidade. A diminuição da violência contra o prédio escolar acaba acontecendo como consequência lógica dessa política de participação da comunidade na escola. Mas o objetivo que orientou essa política não foi a diminuição da depredação, embora ela seja também desejável, mas sim o respeito e o atendimento da comunidade naquilo que representa seus direitos de cidadão. E é por não levar isso em conta que certos programas governamentais de uso da escola pela comunidade nos finais de semana têm fracassado, pois comumente se trata de medidas inteiramente desvinculadas de qualquer movimento democrático que envolva a escola e sua comunidade. Uma medida isolada, que não seja resultado de práticas que evidenciem uma nova postura de respeito e consideração para com os pais e alunos e a população circunvizinha, dificilmente conseguirá resultados positivos. Às vezes fica claro na justificação do programa que o objetivo não é atender à população em seu direito, mas tão somente evitar a depredação, para economizar nos custos com o ensino (cf. PACHECO, 2004).

Um argumento que procura minimizar a importância da participação dos pais ou responsáveis na escola é baseado na alegação de que o papel da escola é prestar seu serviço à população o melhor que possa, não tendo que contar com a colaboração dos pais, ou porque eles não têm o dever de colaborar ou porque não podem ou não têm condições de fazê-lo. Um exemplo dessa postura pode-se ir buscar na obra do José Querino Ribeiro, um dos pioneiros da teoria da administração escolar no Brasil que, em 1938, usava sua experiência pessoal como diretor escolar para concluir que uma "colaboração estreita" entre a escola e a família "nunca pode passar de simples relações amistosas e não consegue atingir nem a uma eficiente cooperação" (RIBEIRO, 1938, p. 111), entre outras razões, pelo fato de que,

> se a escola surgiu para preencher uma lacuna deixada pela evolução da família, é que a família não podia mais desempenhar esta função; outras exigências mais urgentes surgiram e arrastaram-na noutra direção. A administração escolar tem que aceitar isto e incomodar a família o menos possível. (RIBEIRO, 1938, p. 111)

O problema com esse tipo de argumentação é que ela deixa de considerar dimensões importantes de uma possível relação entre família e escola. A primeira dessas dimensões é a evidente continuidade entre educação familiar e educação escolar mencionada no início deste capítulo,

cuja consideração pode significar melhoria no desenvolvimento do ensino escolar. Em sua *Pedagogia geral*, um dos clássicos da Pedagogia, Johann
Friedrich Herbart já chamava a atenção para essa continuidade, ao afirmar
que "o educador jamais deve arrogar-se o direito de realizar a sua tarefa
só por si, excluindo os pais — tarefa essa para a qual, e com base na confiança, ele recebeu uma autorização sempre limitada. Com isso perturba-
ria a eficácia de forças para as quais dificilmente encontraria substituto."
(HERBART, 2003, p. 37)

Em segundo lugar, é verdade que o dever da escola é a prestação de
um serviço a que a população tem direito, sem que isso resulte em nenhum
ônus para ela. Mas, como se sabe, nem sempre o Estado atende ao dever
de apresentar uma escola pública universal de qualidade. Em tais condições,
a abertura da escola para a participação da família pode ser uma forma,
por mais difícil que seja, de os pais pressionarem por melhor ensino.

Finalmente, a dívida educacional que a sociedade tem com as camadas populares não se refere apenas às crianças em idade escolar. Seus pais,
em sua imensa maioria, foram alijados desse direito quando crianças, ou
porque nunca tiveram acesso à escola, ou por uma que ensinava mal e da
qual muitos se "evadiram", acreditando serem eles os culpados por um
fracasso que era da própria escola. Hoje, quando a escola estreita os laços
com a família, ensejando formas de os pais participarem de atividades que
lhes proporcionem alguma apropriação cultural (mesmo que sejam conhecimentos restritos à educação de seus filhos), ela está contribuindo, ainda
que modestamente, para a diminuição dessa dívida social, contribuindo,
quando mais não seja, pelo menos para tornar a educação menos penosa
para seus filhos.

2. Dificuldades

Com relação à representação nos mecanismos coletivos de participação, em especial o conselho de escola, há uma série de questões que podem
ser lembradas. Entre elas está a que diz respeito ao oferecimento de tempo e espaço para que os representantes possam se reunir com seus repre-

sentados e, assim, possam levar para as reuniões os reais interesses e pleitos destes últimos.

Quanto ao tempo, as medidas extrapolam a própria unidade escolar, visto que se referem, em grande proporção, às condições de trabalho e emprego dos pais ou responsáveis, aos quais se pode pensar em conceder licença para se ausentar do trabalho para participar de reuniões na escola. Por ocasião das discussões a respeito do Congresso Nacional Constituinte, sugeri — em trabalho apresentado no XIII Simpósio Brasileiro de Administração da Educação, promovido pela Associação Nacional de Profissionais de Administração da Educação (Anpae), e realizado de 3 a 7 de novembro de 1986, em João Pessoa — que se fizesse constar algum dispositivo na Constituição Federal que contemplasse a obrigação das empresas de facilitar a participação dos trabalhadores na escola de seus filhos:

> Tal dispositivo poderia ser imaginado, a princípio, na forma de liberação do trabalhador com filho em idade escolar, de um determinado número de horas de trabalho, sem prejuízo de seus vencimentos, nos dias em que ele tivesse que comparecer à escola para participar de assembleias ou tratar de problemas relacionados à escolarização do filho. (PARO, 1997, p. 13-14)

Essa facilitação escapa, como se vê, do alcance da escola, inscrevendo-se na luta por direitos dos trabalhadores. Todavia, muita coisa ainda pode ser feita pelo estabelecimento de ensino, especialmente no que se refere aos horários de reuniões que precisam ser mais flexíveis e compatíveis com as necessidades dos pais e mães de alunos. Certamente a boa vontade e o nível de consciência política dos educadores são fatores determinantes dessa disponibilidade de horários, mas sua implementação depende também das próprias condições de trabalho de professores e demais educadores escolares, visto que muitas vezes a falta de uma carreira de magistério condigna que ofereça maior tempo para dedicar-se à escola, fora dos horários de aulas, é o que tem impedido que os professores possam oferecer alternativas de horários de modo a facilitar a presença dos pais.

Já no que concerne ao espaço, as medidas dependem de decisões no âmbito da própria unidade escolar, relativas ao oferecimento de salas e equipamentos para uso desses pais. Especialmente no que diz respeito à participação dos representantes dos pais no conselho de escola, para bem exercer seu mandato e expressar a vontade de seus representados, é preciso que a escola ofereça espaços em que os pais possam discutir suas ideias e interesses e apresentá-los a seus representantes, para que estes possam apresentá-los e defendê-los nas reuniões de conselho. Todavia, essa necessidade não tem aparecido de forma muito frequente nas escolas, o que é de se lamentar, pois pode significar a inexistência da necessária vontade política de participar nas decisões da escola, o que demandaria uma consciência desenvolvida desse direito e uma forte cultura de participação.

Segundo opinião corrente de professores e demais trabalhadores da escola fundamental, um dos obstáculos mais sérios à participação dos pais nas decisões e mesmo em atividades que são oferecidas pela escola é a falta de interesse por parte desses pais e a dificuldade de encontrar formas de estimulá-los. Na escola pesquisada, Andreia, professora da terceira série, diz que os pais não têm muito interesse em participar e vão pouco à escola. Mesmo nas festas, os pais não veem a hora de ir embora. Perguntada sobre o que se poderia fazer para atrair os pais para a escola, Vera Sanches, a coordenadora pedagógica, responde:

> Pois é, a gente tem que fazer um grande mutirão, montar uma apresentação, chamar para uma reunião, conversar no *tête-a-tête*, lá no palco, ir colocando as ideias, já deixar as reuniões preestabelecidas, respeitar aquelas datas, largar tudo o que você está fazendo para atender os pais. Num primeiro momento, talvez viessem uns dois ou três, depois viriam uns cinco ou oito, depois viriam uns...

Diz que no início do ano fizeram uma reunião, "mas depois parou", não teve continuidade. "Então, aquelas pessoas que vieram já se dispersaram. A escola deixa muito a desejar. A gente começa a fazer e, de repente, para." Reclama da Secretaria da Educação, que ocupa seu tempo (da coordenadora) à toa. Todo mês ela fica fora da escola (na Secretaria da Educação, em reuniões) duas sextas e duas segundas-feiras. "O próprio segmento lá da Secretaria da Educação não nos deixa parar e pensar um pouco na escola. Amanhã, por exemplo, eu vou ficar presa numa... (posso falar?) numa *droga* de uma reunião, das 8 às 17 horas." Mas, Vera Sanches diz que os pais participam, sim, na escola, sempre que são chamados. "Vêm, eles vêm, participam, eles vêm. Sempre que a gente chama eles vêm, Vitor. Os pais são participativos, só que, não espontâneo." É preciso que sejam estimulados. Elaine, professora da primeira série, também diz que os pais têm-se disposto a participar na escola sempre que são chamados.

Márcia, vice-diretora, acha que quando chamam os pais eles participam. Diz que na Célia Cintra eles não participam muito, mas é falta de chamar mais para participar. Se ela fosse diretora, ela envidaria esforços para os pais participarem porque ela acha isso muito importante. "A escola é da comunidade, é dos alunos. Por isso que eu acho que têm que participar."

Diz a professora Marilda, da quarta série: "Reunião de pais é isso mesmo. Vem bastante pai, sim. Só que, aqueles pais que você precisa conversar, eles não aparecem. Esse é o problema." Marilda sente a necessidade de trazer esses pais à escola e diz que pretende fazer um trabalho nesse sentido. "Eu quero ver se eu consigo trazer esses pais que eu preciso conversar — não só eu como os outros professores [precisam]. Esses outros pais que a gente não precisa e vêm, legal. Mas, não acrescenta nada [porque já fazem tudo correto, já participam em outras oportunidades, etc.]"

Um obstáculo pouco referido nos trabalhos sobre participação na escola, em especial no conselho de escola, tem a ver com o constrangimento que muitos pais das camadas menos favorecidas sentem em lidar com pessoas com nível escolar superior ao seu, o que os coloca em desvantagem nas discussões do conselho e outras. Isso requer iniciativas que possibilitem conscientizar os educadores escolares sobre a importância de uma melhor acolhida e compreensão dos pais ou responsáveis para a minimização desse constrangimento.

Na Escola Célia Cintra, Raquel, a diretora, concorda que, no conselho, os pais ficam envergonhados na hora de participar. Vera Sanches, coordenadora pedagógica, à pergunta sobre a conduta dos pais nas reuniões do conselho de escola, se eles participam de fato ou se ficam quietos, diz:

Alguns participam, alguns têm até a sua fala forte. Só que, também, tudo predeterminado, com pauta preestabelecida [A pauta é feita pela escola.]. [...]. Sai tudo aqui da escola, e sai da escola diante das necessidades. A gente não chama, assim, "Oba! Nós vamos fazer aqui na escola um dia de circo. Uma grande lona, vamos contratar o circo-escola, por exemplo, vamos ver o que os pais acham, quem tem sugestão." Então, não é assim, são coisas estabelecidas [...] quando tem algum enrosco, alguma coisa para resolver.

Sobre medidas para incrementar a participação dos pais na escola, a mesma Vera Sanches relata que, em 2003, o sistema de ensino parou as aulas por um dia em que foi discutido o tema "A escola dos meus sonhos". Mas ficou nisso, não avançou para nada de concreto.

Raquel, a diretora, considera que precisa fazer mais apresentação aos pais, para "pai vir à escola e não ter que escutar falar mal de filho". Acha que, "a dificuldade do pai pra vir à escola [...] é o excesso de trabalho e a falta de clareza sobre aquilo que ele vai fazer, como ele pode contribuir". Afirma que a escola tem que ser suficientemente aberta e clara com os pais para que eles saibam que podem fazer críticas e dar sugestões à vontade, que o filho não vai ser perseguido por isso.

Perguntada se não considerava importante que tivesse alguém da escola para cuidar especialmente dessa relação com os pais, Raquel diz que concorda. Diz que teve uma experiência na Escola Celso Helvens[2], que havia uma mãe que fazia essa função de conversar e motivar os pais. Diz que a experiência foi boa, só não foi ótima porque essa mãe se articulava com a política partidária. Mas que, pelo menos, ela conversava com os pais e trazia para a escola o que eles expressavam.

Com relação às reuniões com os pais, Elaine, professora da primeira série, diz que na E. E. Célia Cintra não se pratica aquela política de ficar criticando os filhos para os pais. Ela é contra isso e diz que o pai, geralmente, sabe o filho que tem; então, não precisa ficar reforçando isso negativamente.

---

2. Nome fictício. Por singular coincidência, essa escola é a mesma em que foi realizada a pesquisa de campo referida em Paro (1995), em 1989/1990. Por isso, resolvi manter o nome fictício usado naquele trabalho. Mas a experiência de Raquel foi, certamente, posterior a esse período.

Eu formei meus professores na educação infantil[3] para parar com essas questões, porque o pai já sabe a obrigação dele. Ele sabe o papel dele. E ele sabe, ele tem consciência, que o filho dele é para o resto da vida dele. O aluno vai ser nosso aluno durante aquele ano, durante aqueles quatro anos... A reunião aqui realmente tem essa diferença. Tivemos a pauta, ninguém falou de indisciplina, porque o pai que tinha aluno indisciplinado, ele mesmo falou: "Ah, eu já sei que ele é meio difícil." [...] Não teve isso na pauta.

Perguntada sobre o que deveria ser feito para que os alunos fossem mais disciplinados, Marilda, professora da quarta série, responde que precisaria "maior comprometimento da família".

Maior comprometimento da família com o aluno. Isso eu acho que seria essencial, porque aqueles pais que você percebe que acompanham o filho na escola, por mais que ele venha aqui fazer reclamação, seja lá o que for, mas ele vem acompanhando, esse vai para frente, esse dá certo. Agora, tem pais, que você marca reunião de pais, que não dá nem vontade de vir para as reuniões de pais. Por quê? Essas reuniões de pais são justamente para que você converse, mostre o problema, para que eles te ajudem a arrumar uma solução. E são justamente esses pais que nunca aparecem.

Parece escapar à compreensão de Marilda (e da maioria dos professores) as razões pelas quais determinados pais "nunca aparecem", e são justamente aqueles cujos filhos estão em piores condições de aprendizado na escola. Para jogar alguma luz na discussão desse tema, sem pretender esgotá-la, ouso apresentar, numa descrição muito esquemática — e reconhecidamente precária — aquilo que, com certa licença, poderíamos chamar de "pai ou mãe típicos do aluno do ensino fundamental". Essa descrição não decorre de uma investigação científica e nem pretende o *status* de comprovação empírica, embora seja o produto da reflexão e do contato com grande variedade de pais e mães no contexto de várias pesquisas por mim realizadas sobre a participação na escola (PARO, 1995, 2000, 2001b, 2003, 2007).

---

3. Elaine se refere a sua experiência anterior como dona de escola de educação infantil.

O pai ou mãe "típico" da escola pública brasileira não completou o ensino fundamental, ou, mesmo tendo completado, mantém outras marcas da escola tradicional e autoritária. Passou por um ensino enfadonho que não conseguia levá-lo a "querer aprender". Como criança, naturalmente, procurou satisfações e alegrias em outros motivos que não a escola. Mesmo tendo sempre ouvido falar que a escola era algo bom, não conseguiu sentir prazer no aprender. O ensino forçado forçou-o a ser um rebelde, desgostando da escola, mas *obrigado* a frequentá-la. Muitas vezes foi referido pelos professores a seus pais como "bagunceiro", "preguiçoso", "lento", etc. Estudar, ou *tentar* aprender, lhe causava sacrifício, era penoso. Uma das únicas coisas de que ele gostava na escola (por isso até sentia saudades desta nas férias e nos fins de semana) era conversar e brincar com os coleguinhas. Mas isso era coibido, considerado um pecado, pois só servia para tomar o tempo que precisava ser empregado em estudar (isto, sim, penoso para ele).

Para conviver com essas dificuldades e contradições, ele *fingia* que estudava, para se ver livre do estudo e salvar tempo para brincar e viver sua infância. Nas vésperas das provas, procurava estudar, decorando os conteúdos das matérias e conseguindo passar com a nota mínima, mas provavelmente também passou pela experiência da reprovação, experiência penosa que quase aniquila de vez com sua autoestima. Pior de tudo isso é que a escola (além da família, que também tinha uma concepção tradicional de educação) fazia questão de insistir de todos os modos que estudar era gostoso, era fácil para quem fosse inteligente e se esforçasse. Assim, para a formação de sua autoestima, restava pouca alternativa: ou era estúpido ou era preguiçoso, ou ambas as coisas.

Contraditoriamente, apesar de tanto sacrifício, sua personalidade foi formada na mentira e ele "aprendeu" — com a força que tem tudo o que se aprende durante a construção de nossa personalidade, do caráter de cada um — que ele não era muito inteligente, senão teria aprendido como os demais. O que ele não consegue perceber é que a maioria dos demais também não aprendeu, alguns foram apenas um pouco mais eficientes no fingimento, mas, como ele, também se acham pouco inteligentes. Ironicamente, a escola tradicional, tão incompetente para ensinar, demonstra uma competência enorme em fazer a vítima sentir-se algoz de si mesma, culpada pelo fracasso que é da escola. Porque essa inculca se dá no período de formação da própria personalidade, ela se faz indelével e, ainda hoje, esse pai ou mãe, ao ser questionado a respeito das razões de sua pouca cultura, se apresentará como o culpado inquestionável. *Ele*, ou *ela*, foi o responsável: por ser pouco esforçado e por "não ter cabeça" para o aprendizado.

No entanto, pelo comportamento dos pais e mães das camadas populares que tenho presenciado, ouso afirmar que essa crença não se faz convicção definitiva em suas mentes. No fundo de seu espírito, ainda há uma esperança e eles acreditam que podem provar o contrário. Precisam, para isso, de uma "segunda chance". Essa segunda chance está na escolarização do filho: a vitória deste na escola em que os pais fracassaram. "Provar que meu filho é inteligente é provar que ele herdou essa inteligência de mim." Por isso, e porque amam seus filhos, os pais fazem de tudo para que eles se saiam bem na escola. Faz lembrar Bernard Lahire, em seu excelente livro *Sucesso escolar nos meios populares*, que, ao falar dos cuidados dos pais de uma criança de classe popular, na França, afirma: "A vontade parental de preservar os filhos e de fazer com que atinjam aquilo que não se pôde conseguir se traduz, às vezes, por uma verdadeira *doação de si*, um *sacrifício de si mesmo* em benefício dos filhos, isto é, do futuro [...]." (LAHIRE, 2008, p. 233; grifos no original)

A experiência parental é algo muito forte na vida de uma pessoa. O contato com pais e mães das classes populares indica que não corresponde à verdade o mito corrente entre os professores de que esses pais não se dedicam a seus filhos. (PARO, 2000) O amor parental é algo tão marcante ao ponto de a alegria dos pais praticamente se bastar na alegria dos filhos. Também qualquer tristeza do filho deixa ainda mais tristes o pai e a mãe. Claro que há exceções, como em tudo na vida, mas elas confirmam a regra e causam indignação na imensa maioria, que as repudia veementemente. Em geral, os pais dos estudantes da escola pública cuidam mais dos filhos do que de si próprios.

Porque quer uma vida melhor para seu filho, uma de suas atitudes é apresentar a educação escolar como algo de importância primordial para sua vida futura, para abrir os horizontes para uma vida mais feliz e autônoma. Ao mesmo tempo, pinta a escola com cores da alegria, buscando fazê-la desejável por seu filho. Faz este acreditar que, além de ser uma autoridade a quem se deve obedecer e reverenciar, a escola é um lugar agradável. (Mesmo que não tenha sido agradável para eles, pais. Mas aí, a culpa foi deles mesmos e da falta de condições. Como acreditam que foram teimosos quando crianças em não ouvirem seus pais dizerem a mesma coisa que dizem hoje a seu filho, eles fazem de tudo para que este aja de modo diverso.) E a criança fica ansiosa para entrar na escola. Ao agir assim, o pai e a mãe nem percebem que, ironicamente, podem estar preparando o filho para a frustração, porque a escola que ele vai frequentar pode não ser, de fato, prazerosa.

Para não frustrar os anseios dos pais e a expectativa do filho, no primeiro dia de aula do primeiro ano do ensino fundamental, seria desejável que a recepção desse aluno fosse algo pelo menos parecido com uma festa. Que ele fosse recebido com carinho, que fosse pelo menos abraçado pela professora, que seu nome fosse pronunciado em voz alta, que ele pudesse brincar e sentir-se feliz junto com seus novos colegas de turma.

Isso é o óbvio. Isso é o mínimo que se espera de quem recebe crianças que precisam ser seduzidas pelo desejo de aprender e que *precisam* gostar da escola, da professora, dos colegas, para que o ensino se concretize efetivamente. Mas, em geral, *isso não acontece...* Qual professora abraça cada um de seus alunos no primeiro dia de aula? Pelo excesso de crianças, o professor inadvertidamente se dedica aos mais bem relacionados, que vêm de lares com maior capital cultural. Os que mais precisam vão sendo deixados de lado porque, por serem mais tímidos ou por trazerem um capital cultural ainda menor do que os demais, não conseguem conquistar seu lugar na atenção e cuidado da professora que, pressionada pelas condições adversas de trabalho, e possuidora de uma visão tradicional (não científica) de educação, resolve "fazer o que pode", cuidando apenas da parte da classe que ela julga capaz de atender sem comprometer a "qualidade" (cf. EARP, 2009).

Mas o pai ou a mãe, cujo filho ou filha paulatinamente vai dando mostras em casa de pouco entusiasmo pela escola, mantém sua esperança de boas notícias quando comparece a sua primeira reunião de pais na escola. Aí chegando, ele entra em contato com outros pais e mães que também aguardam o início da reunião e o assunto predominante são os próprios filhos. Qual pai não se sente tentado a falar bem de seu filho ou filha, até mesmo contar vantagem sobre suas proezas em vários campos e atividades: no futebol, nas brincadeiras, na realização das lições de casa, no cuidado com o material escolar, etc.? Quando a reunião começa, entretanto, suas convicções podem ser fortemente abaladas.

Embora haja, sem dúvida, exceções, o padrão de atendimento nas reuniões de pais segue um rito que consiste em jogar sobre a família e as crianças a culpa pela incompetência da escola e do sistema de ensino. Assim, os mesmos professores que reclamam das más condições de trabalho como causa do ensino deficiente são os que se prestam a omitir essa situação a pretexto de solicitar que os pais façam sua parte, ajudando as crianças em casa. Dessa forma, o pai ou a mãe que vem a sua primeira reunião de pais com esperança de ver concretizar sua expectativa com relação ao filho, ouve o diagnóstico de que ele é "bagunceiro", "fraco", "lento", "apático", "desinteressado", "tem algum problema psicológico". Nenhuma palavra de elogio, nenhuma solidariedade com a situação dos pais, nenhuma orientação que possa subsidiar a família na ajuda à criança em casa. Imagine-se o impacto dessa conduta para o pai e para sua esperança. Além de tomar conhecimento de que seu filho não está aprendendo nada, ele testemunha o professor jogar sobre ele, pai, o peso da responsabilidade de fazê-lo melhorar, ajudando em casa, levando a um médico, a um psicólogo, ou tomando outra providência qualquer.

Como não se sensibilizar diante da tristeza de um pai ou mãe ao ver sua "segunda chance" esboroar-se dessa maneira! E isso feito publicamente, porque o docente não tem sequer o cuidado de conversar com o pai privadamente. Assim, diante de outros pais e mães, aos quais eventualmente esse pai acabara de se gabar de seu filho (que é uma das coisas que os pais mais sentem prazer em fazer), ele tem que passar por mais uma vergonha provocada pela mesma escola que já lhe causou tanta dor quando criança. Fatalidade, destino cruel! Seu esforço e expectativa foram em vão: seu filho também é estúpido (ou bagunceiro) assim como ele. O sonho acabou...

3. Perspectivas

Entretanto, o professor, se consciente da natureza de seu ofício, teria boas razões para tratar bem os pais e responsáveis por seus alunos e alunas. Em primeiro lugar, por uma questão de justiça: são os pais que pagam seu salário, embora não sejam eles os culpados pela insuficiência dos mesmos. Com relação a esse ponto, é extremamente constrangedor, em pleno século XXI, verificar-se o pouco caso com que os cidadãos são tratados pelos funcionários do Estado nas instituições que prestam serviços à população, entre elas a escola. É muito comum ver-se o cidadão numa situação de subalternidade, como se ele não tivesse o direito ao serviço e como se o funcionário não tivesse o dever de respeitar o cidadão, tratando-o como um igual. Nessa conjuntura, torna-se sem sentido o discurso de que a escola é da comunidade. Como conseguiria o pai identificar-se com uma instituição que o repele? Não é verdade que a razão principal de os pais não comparecerem à reunião da escola é a falta de interesse ou a falta de tempo. O motivo principal é que a escola não é um lugar atraente para eles, que valha seu esforço de lá comparecerem.

Uma segunda razão muito importante para os professores tratarem bem os pais é que a profissão docente necessita, diferentemente de outras categorias profissionais, que seu objeto de trabalho (e seu produto) seja valorizado socialmente. As outras categorias profissionais não precisam provar isso, o professor precisa. Isto é, o trabalhador comum realiza um trabalho cujo produto é do interesse inquestionável de seu patrão. Isso não necessariamente acontece com o trabalho do professor da escola pública, porque nem sempre é do interesse dos governantes a boa qualidade do ensino, embora ele não se canse de assim afirmar diante dos eleitores. No sistema produtivo de modo geral, se o trabalhador cruza os braços, isso pressiona o proprietário dos meios de produção, porque o prejudica imediatamente pela não realização de um produto que é o meio de alcançar seu lucro. No caso da escola pública, quando os professores cruzam os braços, o primeiro prejudicado não é seu patrão (o Estado), mas a população usuária, teoricamente sua aliada maior na busca de boas condições de trabalho. É por isso que seus movimentos trabalhistas precisam alcançar a dimensão política para pressionar o Estado a atender suas reivindicações.

Sintomaticamente, quando a escola pública atendia apenas uma pequena elite, protegida pelo Estado, a este interessava uma educação de qualidade e os mestres tinham um *status* elevado. Hoje, que aquela elite migrou para a escola privada, embora o ensino público seja muito lembrado nas vésperas de eleições, e a educação seja algo valorizado em todos os discursos, não se verifica por parte do Estado a vontade política suficiente para despender na escola básica os recursos necessários para fazê-la de boa qualidade para todos.

Diante dessa situação, a melhoria das condições de remuneração e de trabalho do professor só ocorrerá e terá consistência na medida em que o poder público se interesse, de fato, pela melhoria do produto escolar. Isso só pode acontecer como consequência da pressão que a população usuária faça sobre o Estado. Infelizmente, as camadas populares não têm demonstrado a clareza e a ação necessárias para exigir, mais do que o acesso à escola, uma escola que de fato realize educação. Aqui entra o papel educativo (e político) do magistério em sua relação com os pais. Se a melhoria de condições de trabalho dos professores depende, em última instância, da pressão dos pais junto aos poderes públicos, exigindo mais e melhores escolas, é mais do que evidente que o esclarecimento e a propaganda dessa causa por parte dos professores em sua relação com os pais só pode ser vantajosa para os educadores escolares.

Concretamente, no dia a dia, os professores têm os pais muito mais próximos de si do que o Estado os tem; no entanto, usualmente, os professores não aproveitam essa oportunidade para ganhar a confiança dos pais. Isso pode ser alcançado pelo professor, fazendo um bom trabalho na educação das crianças (pelo menos no que isso seja possível, dadas as condições de trabalho vigentes; mas essas condições, por piores que sejam, não impedem o mestre de ser, pelo menos, afetuoso com seu aluno); esclarecendo os pais a respeito do que é que produz o mau ensino, não jogando sobre os pais e seus filhos a culpa que é do Estado; explicando a razão de ser de suas reivindicações, greves, passeatas, etc. (talvez nos próximos movimentos a imprensa conservadora não consiga, com tanta facilidade, a adesão da população contra os professores.); sendo afável com os pais (não custa nada), para que eles vejam com simpatia os professores de hoje, e possam diferenciá-los dos mestres que, em sua infância, lhes proporcionaram tantas experiências penosas e humilhantes.

Chega a ser mesmo inacreditável constatar quantos professores, já com bastante vivência de profissão e mesmo de embates políticos e trabalhistas, não conseguem perceber a força motivadora de um abraço no pai ou na mãe, que vem visitá-lo na escola ou por ocasião das reuniões de pais, de uma palavra amiga, de um elogio ao desempenho do filho, de um sorriso de satisfação por vê-lo interessar-se por sua filha ou filho, de uma recomendação clara e objetiva sobre como orientar a vida escolar dos filhos, e de outras manifestações que podem, ao fim e ao cabo, favorecer uma postura positiva do responsável pela criança com relação à escola, ao professor e ao trabalho docente. Uma mãe que é bem tratada na escola, que percebe o interesse da professora por seu filho, passa a constituir-se quase que numa auxiliar de ensino em casa, na assessoria ou estímulo no estudo do filho. Por outro lado, uma menção ao aluno, feita pela professora, da conversa que teve no dia anterior com seu pai ou sua mãe, deixará esse aluno mais orgulhoso de seus pais, mais interessado em não decepcionar no aprendizado, mais simpático à professora e à escola. Se, na mesma ocasião, a professora fizer um elogio à mãe, a criança levará essa informação para casa e seus pais terão um conceito ainda mais positivo da professora e, certamente, com muito maior probabilidade estarão se esforçando para participar na escola quando convidados. Verão com simpatia também o próximo movimento de reivindicação dos professores por aumento de salário e melhoria das condições de ensino, e provavelmente influenciarão outros pais no mesmo sentido.

Na E. E. Célia Cintra, embora se repitam vários clichês a respeito da participação dos pais, da razão por que não participam e das atribuições que lhes deveriam caber na ajuda a seus filhos em casa, há uma postura bastante positiva e amigável com relação aos pais e mães de alunos, especialmente por parte de sua diretora, da coordenadora pedagógica e de alguns professores que tive ocasião de observar nas reuniões de pais.

Por exemplo, Andreia, professora da terceira série, exibe uma postura positiva em seu relacionamento com os pais, embora reclame da multiplicidade de funções que a escola acaba tendo que desempenhar e diga que, hoje em dia, tudo é dever da escola:

> Porque agora, tudo bem que está certo, mas nós estamos ficando com muitas coisas: é dever da escola educar, ensinar, colocar roupa, colocar comida, tudo isso é dever... e pro pai está sobrando só fazer uma criança, eu acho. Eles não estão assim, num conjunto... é preciso ter conjunto pra escola. Eles estão deixando tudo para a escola.

Chega a ser monótona a recorrência com que professores, para justificar a dificuldade de ensinar, apelam para o argumento de que agora a escola tem de ensinar coisas que antes eram ensinadas na família, como se isso não fosse pacífico em termos do papel social que a escola deve exercer. Quando a cultura, objeto da educação, era tão simples que permitia seu oferecimento no seio do próprio grupo familiar, não havia necessidade de escola e de fato não havia escola. Historicamente, esta só surgiu quando, pela amplitude e complexidade da cultura, os pais das novas gerações já não tinham mais condições de proporcionar essa cultura convenientemente a seus descendentes. Por isso, é muito natural que a escola tenha que fazer aquilo que a família não consegue. Trata-se meramente de um caso da divisão social do trabalho. Antes havia também uma infinidade de bens e serviços que se produziam em casa e agora são providos por unidades produtivas externas à família.

Mas essa observação de Andreia não deve servir para uma impressão negativa de sua atitude com relação aos pais. No conselho de classe da terceira série, em que também estavam presentes a diretora e a coordenadora pedagógica, além de um representante dos alunos dessa série e alguns pais e mães convidados, Andreia se comporta com muita simpatia e solicitude, fazendo referências elogiosas aos alunos e dando orientação aos pais. Fala do processo de escolha da representação discente no conselho de classe e elogia muito a representante, dizendo que esta tem atribuição na classe: pequenos favores, recolher os livros, ajudar a professora. Elogia enfaticamente duas alunas cujos pais estão presentes: "Limpas, ordeiras, maravilhosas..." Diz aos pais que há o período de *relax* na classe (com dominó, jogo de memória, etc.) e que essas crianças ótimas puxam as outras para a frente. Informa que todos, menos um, estão alfabetizados. Esse um deve ter problema de audição. Andreia diz que se sente orgulhosa da escola pública e mostra que a escola não é o que se propala na mídia. Afirma que está muito feliz com o trabalho e com o sucesso.

Na mesma reunião do conselho de classe, Raquel, a diretora, diz que as terceiras séries da manhã são mais calmas que as terceiras da tarde. Os da tarde parece que não sabem brincar, por isso a escola está pensando em fazer um recreio dirigido: brincar de corda, de amarelinha, de roda, etc. "A criança precisa brincar." Um dos pais faz um paralelo entre a escola de antigamente (a dele) e a de hoje. Antes era muito difícil, hoje os alunos têm de tudo. Diz que é contra a progressão continuada. Vera Sanches tenta convencê-lo a respeito da importância da progressão. O próprio pai, ao responder à coordenadora, acaba demonstrando que a reprovação é nociva. Estabelece-se uma discussão a respeito das facilidades que a escola tem hoje. Uma mãe elogia o sistema de dois professores na terceira série.

Antônia, auxiliar de professora, também diz que os pais em geral não ajudam as crianças em casa.

> Mas aqueles que ajudam é muito bem-vindo porque é muito bom quando os pais ajudam em casa. Porque uma coisa é você dar parabéns para um aluno seu, outra coisa é o pai [dizer] "Nossa que bacana que você fez" e dar parabéns. Isso faz muita falta na vida do aluno, isso falta na vida dele, uma vida inteira isso faz falta.

Não há dúvida de que o aluno precisa e gosta de elogios e isso contribui para uma melhor autoestima e, em consequência, um melhor desempenho. (A propósito, os pais também gostam e precisam ser elogiados, e nem sempre os professores atinam para isso.) Mas parece não corresponder muito à realidade a crença que os professores têm de que os pais não procuram ajudar os filhos em casa, pelo menos com o elogio e outros incentivos. Mesmo tendo pouca cultura para ajudar os filhos em suas lições de casa, os pais, em geral, procuram estimulá-los, dando conselhos e vigiando para que eles se esforcem para aprender. E quando não há essa intervenção, pode bem significar uma omissão da escola em subsidiar os pais a respeito. Em outra pesquisa (PARO, 2000), pude verificar que, a partir de uma atitude positiva da escola, esclarecendo os pais sobre a importância de sua ação em casa junto aos alunos para que estudassem com maior qualidade, houve resposta muito positiva dos pais na ajuda de seus filhos. Mesmo pais completamente analfabetos encontraram formas de levar seus filhos a aproveitar melhor o estudo. Atitudes básicas como não reprimir as crianças, estimulá-las, lembrá-las dos estudos, proporcionar um local adequado, longe da televisão, para que elas estudem, etc. podem ser sugeridas mesmo nas reuniões de pais, embora tais atitudes não substituam um programa amplo e integrado de intercâmbio de ideias com a família.

Outra questão importante é o risco que se corre de os pais ou familiares, ao pretenderem ajudar na escolarização da criança, acabarem atrapalhando o trabalho do professor, por lhes faltar conhecimento pedagógico. A professora Vanessa, da segunda série, informa: "O pai de um aluno veio numa reunião e ele falou para mim: 'Ah, em casa eu vejo as coisas que ele não escreveu certas no caderno e faço ele fazer cinquenta vezes no caderno de caligrafia.'" Vanessa acha difícil imaginar alguma medida que faça com que os pais ajudem, em vez de atrapalhar, o trabalho pedagógico junto a seu filho. Diz que faz recomendações nas reuniões de pais, mas não adianta muito. Afirma que os pais resistem porque dizem que "aprenderam assim" e não querem aceitar novos métodos e posturas diante da educação e do educando. "Eu penso assim: se o médico fala para você 'tem que fazer tal tratamento', ninguém discute; você vai e faz o tratamento que o médico, o profissional preparado para isso [recomendou]. Só que o professor, todo mundo discute."

Um problema correlato a esse, mas muito mais difícil de ser corrigido, é o dos pais que, frustrados em sua escolaridade, acabam passando a seus filhos um sentimento de angústia, de insegurança e temor que adquiriram em sua vida escolar. Como afirma Lahire,

> do ponto de vista da escolaridade da criança, é sem dúvida preferível ter pais sem capital escolar a ter pais que tenham sofrido na escola e que dela conservem angústias, vergonhas, complexos, remorsos, traumas ou blo-

queios. Na incapacidade de ajudar os filhos, os pais sem capital escolar também não tendem a comunicar-lhes uma relação dolorosa com a escola e com a escrita. [...] (LAHIRE, 2008, p. 344-345)

Terminada a reunião de pais de alunos da professora Marilda, enquanto esta ainda dava atenção a algumas mães que se encaminhavam para a saída, pude ouvir duas outras mães que conversavam informalmente. Uma delas parecia extremamente diretiva, muito preocupada com o filho, com relação a ordem, disciplina, obrigações, disputa, castigo, etc., etc. "Pode puxar a orelha, manter o estímulo. [...] Cada erro é meia hora de *videogame*." Diz que tinha um professor de Química Orgânica que dizia que ele queria que seus alunos o odiassem, porque ninguém se lembra do professor bonzinho. "Eu me lembro desse professor de Química Orgânica, mas eu aprendi. Veja se eu me lembro do professor bonzinho..." Imagine-se que uma mãe dessas, por mais bem-intencionada na ajuda ao filho, acaba passando para ele suas frustrações, ao aplicar suas concepções retrógradas do que seja uma relação pedagógica. Por isso, embora se possa conseguir certa melhoria da conduta dos pais em casa, a partir de conversas, nas reuniões de pais e em atendimentos na escola, não bastam posturas isoladas, pelo menos no início, enquanto não se muda a "cultura" escolar na direção de uma ampliação do ambiente educativo, que alcance também a família.

Sobre como atrair os pais à escola, Marilda, professora da quarta série, diz que é muito "complicado". "É assim, quando você oferece alguma coisa (estou falando no geral, não digo só aqui, tá) para os pais, eles até vêm. Exemplo: na festinha do dias das mães, se você oferece um chá, uma bolachinha, eles aparecem. Agora, se você chama para uma reunião, é difícil eles aparecerem." E continua: "Aparecem aqueles que você não tem problema. Esses, mesmo que você não convide, eles vêm. Agora, aqueles que você precisa atrair para a escola, é só dando alguma coisa. É incrível, mas é assim."

Não me parece incrível assim. A questão é que precisa buscar formas de esses pais virem e lhes oferecer subsídios para que tenham comportamentos, em casa, com os filhos, que facilitem o desempenho destes na escola. Curioso os professores não se cansarem de repetir que são os pais que mais precisam os que não compareçam à escola, mas os mesmos professores parecem não atinar que há uma boa razão para isso. Provavelmente os pais que comparecem, porque os filhos têm a sorte de irem bem na escola, não foram humilhados nas reuniões a que compareceram, como foram os outros pais, para quem normalmente se joga a culpa pelo mau desempenho do aluno. Curioso também que os professores querem que os pais dos alunos com fracos desempenhos venham à escola. Para quê? Para chamar-lhes a atenção, para culpá-los? Geralmente não se ouve esses professores dizerem que seria bom que tais pais viessem para dar-lhes alguma orientação... A reclamação tem sempre o tom de censura e de ameaça, quase nunca de simpatia.

Esse não é, todavia, o caso de Marilda que, na reunião com os pais de alunos de sua classe, teve uma postura bastante simpática. Fez elogios aos alunos. "Vocês precisam ver os filhos de vocês. Como são bons! Declamamos poesia que é uma maravilha. Têm uma cabecinha bem avançada. A sala está de parabéns. Não há o que reclamar dessa sala." Aos pais e mães que perguntam, ela fala muito amavelmente, sempre elogiando. "Eu estou no céu, meus alunos são todos maravilhosos." Uma mãe diz que as crianças são boas porque gostam da professora, e elogia a conduta de Marilda. Esta, enfim, esclarece os pontos pedidos pelos pais, com muita alegria e simpatia.

Embora a relação com os pais na Escola Célia Cintra pareça pacífica e sem muitos traumas ou preconceitos por parte dos professores, não deixa de se verificar algum vestígio da velha atitude de repúdio à comunidade. Raquel, a diretora da escola, conta que entrou de férias e quando voltou encontrou mudado o local de entrada e saída da escola. Então ela perguntou para a vice-diretora o que tinha acontecido. "Ela falou: 'Não, os professores vieram reclamar que, na hora da entrada, os pais ficam naqueles buraquinhos ali [elementos vazados da parede] fazendo tchau, olhando o filho e às vezes recorrem à professora para saber alguma coisa.' Eu falei: 'Mas que mal?'" Raquel acha isso um absurdo:

> Você vai na reunião, eles [os professores] dizem assim: "Ah, é porque o pai não participa, logo que a gente olha para a cara do pai ou da mãe a gente sabe qual é o filho, porque eles não vêm." E a hora que você tem esse

retorno [...] a hora que o pai vem pra falar tchau não pode! Daí eu falei: "Gente, vocês nunca tiveram filho, de criancinha de seis anos, de ver onde a criança está indo...?" Eu fiquei muito chateada [...] mas eu vou mudar.

Já na relação dos professores da Escola Célia Cintra com os pais nas ocasiões em que estes vêm à escola, nas observações que fiz, em especial em reuniões de pais e em reuniões dos conselhos de classe, percebi atitudes favoráveis ao entendimento de ambas as partes. O conselho de classe, por exemplo, não tem aquela forma tradicional constatada em outras pesquisas (PARO, 1995, 2001b), sem a presença de pais nem de estudantes, em que se decide a aprovação ou reprovação do aluno, se ouve as reclamações dos professores, a avaliação e prescrição de soluções estereotipadas, etc. Diferentemente disso, nas reuniões que presenciei na Célia Cintra, dirigidas pela diretora, assessorada pela coordenadora pedagógica e com a participação de representantes de alunos e de pais convidados, o processo é bastante agradável, fala-se muito em incentivo, na beleza da leitura, do saber. Os pais se mostraram bem à vontade, inclusive sentando-se entre os professores, sem nenhum constrangimento. Os educadores presentes fazem um balanço do andamento do ensino, mas não há nada de específico sobre cada aluno ou cada problema. Parece mais uma prestação de contas aos pais, que recebem uma acolhida muito simpática. Não há reclamações, nem choradeira dos professores sobre as dificuldades que enfrentam. Nenhum professor irado, nenhum clichê negativo.

A relativa aproximação entre os educadores escolares e os pais ou responsáveis pelos estudantes da E. E. Célia Cintra pode ser explicada em parte pela menor distância cultural existente entre a escola e as famílias dos alunos que aí estudam. Embora as crianças não provenham em sua maioria das famílias residentes no bairro de "classe média" em que se localiza a escola, essa localização mais ou menos central favorece, de qualquer forma, o comparecimento de uma população mais instruída do que a população típica das periferias urbanas que frequentam as escolas públicas de modo geral. Com relação a estas, costuma existir uma relativa incompreensão dos professores com respeito à ausência de ajuda em casa por parte dos pais. Muitas vezes é a condição de pobreza em que vivem e não a má vontade que impede a criança de ter tempo e espaço apropriados em casa, para estudar, bem como a atenção e o auxílio de seus pais e familiares na realização de seus estudos. Os educadores escolares talvez mudassem sua opinião e se mostrassem mais solidários aos pais se vissem de perto as condições objetivas de vida destes. Por isso, talvez se devesse pensar, em cada escola, numa maior proximidade com a comunidade, especialmente com os pais, para apagar preconceitos e promover a identificação com seus problemas. Isso poderia ser feito na forma de visita de professores e funcionários às famílias usuárias da escola, de modo a melhor se familiarizarem com seus problemas (cf. SILVA, 2006, p. 156-159).

Na avaliação do papel que caberia aos pais numa política de melhoria da educação fundamental, não há dúvida de que alguma medida deveria ser tomada na direção de uma elevação cultural daqueles que são responsáveis pela educação das crianças no seio da família. Neste sentido, tal medida seria altamente desejável, quando mais não fosse, para compensar, embora apenas parcialmente, a defasagem cultural historicamente produzida pela incompetência da própria escola, quando esses pais a frequentaram quando crianças. Mas, o mais importante para as gerações que estão hoje na escola é o que se pode fazer de efetivo para instrumentar os pais com conhecimentos e valores que lhes possibilitem ser mais úteis na promoção da educação de seus filhos.

Uma medida que poderia dar conta desse propósito seria a instituição dos grupos de formação de pais, que consistiria em reunir os pais e mães de alunos periodicamente (uma vez por mês, pelo menos) para discutir temas diversos, ligados à educação dos filhos (infância, disciplina, sexo, televisão, drogas, desobediência infantil, violência, etc.) e não problemas específicos da escola, o que supostamente já é feito nas reuniões de conselho de escola, APM, etc. Uma experiência nesse sentido foi relatada em trabalho já citado (PARO, 2000). Tratou-se de projeto da direção da escola, que contou com autorização e recursos suplementares da própria Secretaria Municipal de Educação. As reuniões ocorriam mensalmente e os pais eram recebidos com bastante cordialidade e simpatia pela diretora, pela coordenadora pedagógica e por professoras, que estabeleciam uma relação francamente dialógica, de modo a que todos se sentissem bastante à vontade para perguntar e apresentar suas ideias. Tratava-se de uma comunidade extremamente pobre, em sua maioria composta por residentes na favela que havia ao lado da unidade escolar. Em qualquer ocasião de presença coletiva na escola (para os grupos de formação de pais, para as reuniões de conselho, etc.) essa comunidade era recebida com um saboroso lanche, com pães, presunto, patês, queijos, sucos, etc. que evidenciava o interesse em bem tratar aqueles que eram recebidos na escola.

A iniciativa mostrou-se uma medida bastante incisiva na intensificação da participação dos pais na escola e na promoção de uma educação de qualidade, o que se pode deduzir da avaliação da experiência que fiz por ocasião da pesquisa:

> O que se constata é que a iniciativa do grupo de formação de pais constitui maneira pouco usual de atrair os pais à escola para discutir com eles assuntos relacionados não apenas à vida da escola mas também ao relacionamento com os estudantes em casa. O aspecto de maior interesse para potenciais reproduções da medida em outras escolas parece ser o caráter francamente dialógico das relações entre os profissionais da escola e o grupo de pais que comparecem às reuniões. Há uma atitude de completo respeito aos pais e mães por parte das educadoras que os recebem. Estas se utilizam de sua capacidade profissional para derrubar barreiras de constrangimento, de timidez e de insegurança, por meio de recursos de dinâmica de grupo, que buscam a participação ativa das pessoas nas reuniões. Nestas, os pais acabam por sentir-se à vontade e conversam livremente, apresentando seus problemas e apreensões, mas também seus êxitos e alegrias, perguntando, sugerindo, debatendo, contestando, propondo soluções, enfim, exercitando sua condição de sujeitos. Como essa situação é coerente com a postura da direção em todos os assuntos da escola, os pais passam a ver com maior simpatia uma gestão escolar voltada para a satisfação do usuário, valorizando o trabalho escolar e interessando-se mais pelo andamento da educação escolar de seus filhos. (PARO, 2000, p. 116-117)

Certamente, conforme relatado no mesmo trabalho, não se tratou de uma iniciativa isolada na escola, mas fazia parte de um projeto integrado implementado na unidade escolar, com vistas à democratização da escola e à promoção de um ensino de qualidade.

Em síntese, se, do ponto de vista de uma educação democrática, a participação da comunidade na escola é, além de um direito, uma necessidade do bom ensino, então, é preciso que a estrutura da escola seja tal que, não apenas permita, mas também facilite e estimule essa participação, seja na execução de atividades que os próprios usuários considerem legítimas, seja nas tomadas de decisões previstas nas normas e mecanismos internos de participação. Como vimos, a participação dos pais na escola pode dar-se tanto como representantes eleitos nos mecanismos coletivos, como conselho de escola e associação de pais e mestres, quanto por meio de seu envolvimento presencial em atividades adrede planejadas para esse fim. Nesse sentido, o provimento de tempo e espaço para facilitar a participação dos pais e mães é um dos requisitos essenciais. Mas também não se pode minimizar a relevância da tomada de consciência dos educadores escolares sobre a importância da participação dos pais, oferecendo, especialmente aos professores, condições objetivas de tempo, espaço e sustentação teórico-metodológica para que eles possam atrair os membros da comunidade e com eles atuar em benefício da escola e de seus usuários.

Considerações finais

Na tentativa de dar uma visão geral das principais ideias consideradas neste livro, apresento a seguir uma síntese das diferentes questões examinadas.

Nas últimas décadas, a escola pública básica tem experimentado a implementação de uma série de medidas visando à democratização de sua gestão. A implementação e o estímulo aos mecanismos coletivos de participação — como os conselhos de classe, os conselhos escolares, as associações de pais e mestres e os grêmios estudantis —, bem como a adoção de outras medidas com o propósito de democratizar internamente as unidades escolares, como a escolha democrática de seus dirigentes, são iniciativas que têm frequentado a realidade das escolas nos diversos sistemas de ensino no Brasil.

Todas essas medidas democratizantes, todavia, não conseguiram modificar substancialmente a estrutura da escola pública básica, que permanece praticamente idêntica à que existia há mais de um século. Ao falar de estrutura da escola é importante ter em conta um conceito mais amplo do que a simples consideração da estrutura administrativa, ou formal. Para Antônio Cândido, a "estrutura total" da escola compreende "não apenas as relações ordenadas conscientemente mas, ainda, todas as que derivam da sua existência enquanto grupo social" (CÂNDIDO, 1974, p. 107). É conveniente também adotar um conceito de administração que não se detenha na consideração das atividades-meio, mas que diga respeito à mediação na utilização racional de recursos, envolvendo tanto as atividades-meio quanto as atividades-fim, perpassando, portanto, todo o processo de realização de objetivos.

Nessa perspectiva, o processo administrativo escolar (a utilização racional de recursos) deve estar condicionado pela natureza da educação que se busca realizar (os fins a serem alcançados). Verificamos que, nos diversos sistemas de ensino no Brasil, a concepção de educação que domina e que, em última instância, estrutura esses sistemas é a que se identifica com um conceito *tradicional* de ensino, preocupado apenas com a "passagem" de conhecimentos e informações. Na medida em que ignora uma dimensão mais ampla de educação como constituição de sujeitos (autores) históricos, pela apropriação da cultura em sua plenitude (ou seja, não apenas conhecimentos, mas também valores, crenças, filosofia, ciência, arte, direito, tecnologia, tudo enfim que constitui a produção histórica do homem), despreza o fim de formar a personalidade do educando em todas as dimensões, entre elas, a de sujeito. Em decorrência, a escola tradicional, na busca desse fim restrito, necessariamente condiciona a forma de alcançá-lo, fazendo uso de métodos que prescindem da consideração do educando como sujeito de sua educação. Mas como o processo educativo supõe necessariamente a vontade do educando, ou seja, o exercício de sua condição de sujeito, o resultado é o fracasso na realização do fim, de tal modo que, ao tentar "passar" apenas conhecimento, a escola tradicional, até por razões técnicas, sequer isso consegue. Em suma, a imensa importância da estrutura da escola para uma educação de qualidade contrasta com a intrigante ausência de variação nessa estrutura no decorrer dos anos, e a permanência na escola de uma organização do trabalho e de uma distribuição do poder que resistem a tentativas tópicas de democratização de sua gestão.

Se lembrarmos com Ezpeleta (1992b, p. 102) que "la estructuración y conformación institucionales de las escuelas constituyen el primer condicionante del trabajo educativo", então não é difícil compreender a grande dificuldade de se administrar a escola com essa estrutura, fazendo-se mediação para uma educação formadora de sujeitos. Na prática, os sistemas de ensino vêm, cada vez mais, pautando a gestão das escolas básicas nos princípios e métodos das empresas do sistema produtivo em geral, ignorando a especificidade do trabalho pedagógico.

Esse tem sido o principal equívoco da administração escolar. Empolgados pela eficiência da empresa tipicamente capitalista e seduzidos pelos modismos e estratégias de produtividade de seus "teóricos", os responsáveis pelas políticas públicas do ensino, o senso comum em geral e até mesmo teóricos da administração escolar acreditam ser esta a solução para a escola, ignorando que na empresa do sistema produtivo em geral o que a faz produtiva e eficiente é precisamente a adequação entre meios e fins.

Essa adequação dos meios aos fins na escola significa a prevalência do pedagógico e a consideração de sua especificidade. Essa prevalência do pedagógico esteve bastante presente no depoimento das pessoas entrevistadas no trabalho de campo da pesquisa. Mesmo não ostentando uma visão crítica de empresa capitalista, os depoentes, em sua grande maioria, fizeram questão de distinguir a administração de escola da administração de uma empresa comum e de condenar como desvinculadas da realidade educativa as medidas "produtivistas" que se vem aplicando às escolas.

Um tema bastante discutido com os entrevistados foi a direção escolar, considerada por todos como um ponto muito relevante para o êxito do ensino. A maioria fez referências a atitudes autoritárias do diretor em geral, imputando isso a certa irresponsabilidade por parte do diretor e também ao acúmulo de autoridade de que ele é investido. Nas discussões com os entrevistados sobre esses aspectos, ficaram bem evidentes as condições que os determinam, como sendo o processo de escolha e lotação do cargo e a formação que corresponde ao desempenho de suas funções. Quanto ao processo de escolha, diante do clientelismo da nomeação política e do "burocratismo" conservador do concurso vigente, a preferência pela escolha por meio de processo eletivo foi quase unânime entre os entrevistados. Assim, percebe-se um significativo crescimento da preferência pela eleição do diretor, quando comparado com dados de pesquisas de alguns anos atrás. Isso é surpreendente no estado de São Paulo, onde o sistema democrático de escolha sempre sofreu sérias resistências entre professores e pessoal da escola em geral (PARO, 1995). Quanto à formação ideal que o diretor deve receber para dar conta de suas funções, os dados confirmam a opção mais lógica em se tratando de um profissional responsável por uma instituição educativa. Ou seja, de um modo geral, todos concordam com a ênfase no pedagógico, declarando que o que geralmente falta ao diretor para o desempenho satisfatório de suas incumbências de administrador e de líder é o conhecimento mais profundo da Educação, que não pode se confundir com as técnicas de gestão próprias da administração empresarial capitalista.

Quando estimulados, os depoentes manifestaram descontentamento com a atual estrutura da escola, mas sem expressar nenhuma preocupação com sua mudança. Concordam que os mecanismos de participação coletiva, como o conselho de escola, a associação de pais e mestres e o grêmio estudantil, atuam precariamente na maioria das escolas e nem de longe conseguem propiciar a democratização da gestão. A sugestão do conselho diretivo como solução para a atual estrutura de poder na escola causa certa surpresa entre os entrevistados, mas não provoca, em geral, a reação incrédula que provocava nos interlocutores na época em que ele foi proposto pela primeira vez.

A propósito, cabe mencionar a importantíssima experiência de gestão colegiada do município de Aracaju. Ela demonstra a possibilidade concreta de uma gestão inovadora que rompe com o vício da mesmice e falta de criatividade da gestão escolar no Brasil. Embora possa haver dúvidas quanto a tratar-se rigorosamente de um conselho diretivo, nos moldes por mim propostos, não se pode negar que a experiência avança muito quando comparada com a direção escolar no restante do país. Dois fatores que ressaltam fortemente para o êxito dessa direção colegiada são: a relevância conferida ao conselho escolar e o acúmulo de experiência democrática do sistema que já se vinha construindo historicamente.

Os dados e informações coletados em Aracaju indicam uma atenção toda especial pelo funcionamento do conselho escolar, tanto por parte do pessoal escolar quanto por parte de autoridades. A participação dos vários setores da escola (professores, demais funcionários, alunos e pais) é tida como uma questão pacífica que todos têm de acatar e estimular. A esse respeito, embora não haja a figura do coordenador comunitário, presente em minha sugestão exemplificativa, nota-se uma preocupação muito forte com a participação dos usuários e da comunidade em geral.

Quanto ao acúmulo de experiência democrática, pode-se dizer que a adoção pioneira de uma gestão nos moldes da que se implantou não surgiu em Aracaju por acaso. A luta pela democratização das relações no interior da escola já se vem fazendo há muitos anos na capital sergipana, como aliás tem ocorrido em vários outros sistemas de ensino no país. Desde a década de 1980, no mesmo período em que se dá a luta em todos os setores da sociedade pela redemocratização do país, os trabalhadores de educação de Aracaju vêm promovendo debates e reflexões para subsidiarem as lutas (e as conquistas) pela democratização da escola e de sua gestão. Impõe-se, assim, a constatação de que a implantação e o êxito da proposta de gestão colegiada refletem a consciência política dos trabalhadores em educação desse sistema de ensino e sua crença na participação da comunidade e no poder da democracia e da educação.

Os princípios, métodos e técnicas que orientam a prática pedagógica na escola fundamental não são neutros com relação à educação que se tem por fim realizar. Tendo em conta o princípio fundamental de qualquer prática administrativa, segundo o qual os meios devem se adequar aos fins, a educação como prática democrática só pode realizar-se a partir de uma didática que reconheça e reforce a condição de sujeito do educando e se faça mediação para a construção de personalidades humano-históricas. Lamentavelmente, a didática que estrutura o modo de ensinar em nossas escolas fundamentais é tributária de uma visão tradicional e parcial de educação, que tem como escopo a mera "passagem" de conhecimentos e informações, não se prestando, portanto, a uma visão de educação como prática democrática.

A educação como construção de personalidades autônomas, por meio da apropriação da cultura, exige um processo pedagógico em que a mediação do educador pressuponha a atividade do educando como autor de sua própria formação, ou seja, o processo só se efetiva se estiver envolvida a vontade do educando. Pode-se dizer, por isso, que o educando *só aprende se quiser*. Isso não apenas sintetiza as condições de realização do aprendizado, mas também assinala o ideal de toda verdadeira didática. Historicamente, os avanços da Didática, na teoria e na prática, sustentam-se sobre este propósito: levar o educando a querer aprender. Este é o esteio da Didática. A partir disso, tudo o mais se torna mais fácil.

Mas, para levar o educando a querer aprender é preciso, antes de tudo, saber quem é o educando. No caso do ensino fundamental, é preciso saber como se processa seu desenvolvimento biológico, psíquico e social numa fase importantíssima para a construção de sua personalidade. Não é possível, portanto, abrir mão de conhecimentos e técnicas produzidos pelas ciências e disciplinas que dão subsídios à Pedagogia, em especial a Psicologia da Educação e a Didática. Também não é possível abrir mão dos princípios éticos tornados disponíveis pela Filosofia, pela Política e pelo Direito. Paradoxalmente, vivemos um tempo em que, apesar dos formidáveis avanços na explicitação e compreensão do processo pedagógico, os tomadores de decisão em educação, de modo geral, e boa parte dos analistas de política educacional, conseguem idealizar projetos e implementar medidas que fazem total abstração desses avanços, numa espécie de horror à didática que parece fundamentar-se na pura ignorância do fato educativo.

A compreensão do desenvolvimento da criança e dos fatores envolvidos no processo ensino-aprendizado tornados disponíveis pelo desenvolvimento científico e filosófico, especialmente a partir do início do século XX, tem possibilitado a superação da unidade básica de ensino tradicionalmente reconhecida como sendo a classe ou a sala de aula. Experiências como as da Escola da Ponte, em Portugal, e da Escola Municipal Amorim Lima, em São Paulo, optaram por literalmente derrubar as paredes e tornar mais amplo o espaço oferecido para a situação de ensino. Por serem experiências que rompem com a escola tradicional e apontam novos caminhos para a organização didática da escola, a pesquisa de campo realizada procurou saber a opinião dos entrevistados sobre o assunto. Além do caráter de novidade da medida para os depoentes, notou-se certa insatisfação com relação ao modelo atual, motivada pela perspectiva da alternativa inovadora.

Uma das mais importantes inovações em direção à superação do modo tradicional de tratar o ensino se deu na tentativa de superação da estúpida seriação (TEIXEIRA, 1954), pela introdução dos ciclos de aprendizagem em vários sistemas municipais de ensino, a partir do início da década de 1990. Houve também sistemas, como o do estado de São Paulo, em que se introduziu um arremedo do regime de ciclos, com a permanência, e até intensificação, da seriação.

A maior resistência aos ciclos por parte de professores, pais e sociedade em geral diz respeito ao apego à reprovação escolar e à oposição à progressão continuada que integra o sistema de ciclos. A reprovação tem sido, tradicionalmente, a maneira mais efetiva de transferir para o educando a culpa pelo mau ensino oferecido pela escola. Sua eliminação pura e simples resulta na passagem, para as próximas séries ou anos, de muitos alunos que não apreenderam um mínimo de conteúdo correspondente às séries ou anos que frequentaram. Isso tem provocado resultados contraditórios. Por um lado, tem deixado mais à mostra a incompetência da escola: se antes o "mau" aluno era reprovado e "evadido" da escola, agora ele lá permanece, mas sem ter aprendido, evidenciando a incompetência da escola para ensiná-lo. Por outro lado, o passar de ano mesmo sem saber tem sido, muitas vezes, entendido como culpa do sistema de ciclos e progressão continuada, que passa todo mundo e que, por isso, o aluno não se preocupa em estudar. As pessoas não conseguem entender (e muitos professores estimulam esse equívoco junto aos pais) que o que produz o não aprendizado é o não ensino ou o ensino incompetente (este é que precisa ser mudado) e não a promoção do aluno (esta é inerente ao bom ensino). Diante disso, a solução mais óbvia é a implantação dos ciclos e da progressão continuada, não para maquiar estatísticas, mas como apenas uma das medidas a integrar uma política, ou um programa, de melhoria do ensino em todos os sentidos.

Um dos pontos que têm merecido as maiores críticas dos educadores escolares no sistema de ensino do estado de São Paulo diz respeito à precária assessoria pedagógica oferecida às escolas. Segundo os depoimentos captados no trabalho de campo, a supervisão pedagógica praticamente não existe, restringindo-se as (raras) visitas do supervisor de ensino a problemas de cunho burocrático. Por outro lado, a coordenação pedagógica interna à escola, além da ação do coordenador pedagógico (que foi elogiada no trabalho de campo), tem seu ponto mais importante no HTPC, que precisaria ser valorizado, com mais tempo disponível e o acréscimo de outras atividades que incluam também o cuidado com a formação em serviço do professor.

Em geral, a avaliação externa (Saeb, Prova Brasil, Saresp, etc.) expressa em boa parte os equívocos das políticas educacionais vigentes. Apesar de hipervalorizada, sua contribuição em termos de medida da qualidade do ensino é muito precária. O produto da educação, entendida como prática democrática, não se deixa avaliar pelos recursos comumente usados na aferição das qualidades de um mero objeto. Os tradicionais exames e provas só conseguem medir um dos elementos (o conhecimento) que compõem a cultura incorporada na personalidade viva do educando, e mesmo assim de forma muito limitada. Assim, os responsáveis pelas políticas públicas, ao darem atenção exagerada a suas avaliações externas, além de atestarem sua ignorância sobre a natureza do produto a ser avaliado e da forma de produzi-lo, gastam somas vultosas de recursos que deveriam ser endereçados para a melhoria do ensino. Em suma, diante da incompetência em diagnosticar e curar o doente, aumentam o tamanho e sofisticam o modelo do termômetro, na esperança vã (e absurda) de medir a febre, não de curar o paciente.

Com relação à discussão do redimensionamento do currículo da escola fundamental, de modo a abarcar a cultura em suas múltiplas dimensões, o suposto básico é que, para a formação do estudante desse nível de ensino, não bastam os conteúdos de conhecimentos e informações que compõem as disciplinas escolares tradicionais, embora tais conteúdos não devam, em nenhuma hipótese, sofrer restrições. O que é urgente é que conteúdos importantíssimos, que hoje são minimizados ou completamente ignorados, ganhem o seu lugar de importância no currículo.

Nenhuma "sociedade do conhecimento", como insiste o jargão acadêmico, sobrevive apenas com conhecimentos. É a cultura em seu sentido pleno, que abarca tudo o que é produzido historicamente pelos seres humanos, que precisa ser considerada como matéria-prima do currículo quando o que está em jogo é o atendimento do direito do cidadão, numa sociedade democrática. Por isso, conteúdos relacionados à arte, à ética, à política, ao cuidado pessoal, ao uso do corpo, etc. devem ser incluídos no rol de elementos culturais componentes dos currículos do ensino fundamental.

Tendo em vista esses conteúdos, bem como o avanço teórico-prático da Didática no que se refere à necessária consideração do educando como sujeito no processo pedagógico, a primeira questão curricular de importância é seu relacionamento com a estrutura didática da escola. A multiplicidade e a complexidade dos elementos culturais não admitem, especialmente na fase de desenvolvimento biopsíquico e social da criança e do jovem, sua apropriação na forma simplória da mera "passagem" de conhecimentos. Por outro lado, são esses "novos" conteúdos — pelo envolvimento com a subjetividade do "aprendente" que eles exigem e propiciam — que contribuirão para que a apropriação dos conhecimentos tradicionais (agora sim) possam ser apreendidos com mais eficácia.

A estreiteza do conceito de educação que a relaciona apenas à transmissão de conhecimentos e informações tem reduzido a apenas isso a compreensão do direito constitucional à educação, deixando na sombra o verdadeiro direito à humanização do cidadão que é seu direito à cultura. A negação desse direito, que na sociedade em geral se concretiza na falta do acesso aos bens culturais de vastas camadas da população, começa na escola, pela recusa, quer da fruição dessa cultura, quer do oferecimento dos meios intelectuais necessários para seu pleno usufruto.

Aspecto de destaque na discussão do direito do cidadão à cultura é o oferecimento de uma educação que concorra para a construção daquilo que se poderia chamar de personalidade democrática do indivíduo. A esse respeito, assim como a educação não se faz crítica apenas a partir de conhecimentos críticos, também a democracia não se aprende nem passa a compor a personalidade sem que seja exercitada na prática da vida cotidiana. Em vista disso, e considerando a importância do período em que se frequenta o ensino fundamental na construção da personalidade, há que se ter extremo cuidado na formação dos professores, não esquecendo que é preciso ser culto para proporcionar cultura, é mister ser democrata para formar personalidades democráticas.

O cuidado em proporcionar educadores capazes para uma educação de qualidade precisa considerar que o que, a rigor, mais influiu na personalidade do professor foi uma escola fundamental tão carente de cultura quanto a de hoje. Uma verdade — que se suspeita secular — é que os professores de determinada geração reproduzem com seus alunos o que seus mestres fizeram com eles no passado. Para quebrar essa tradição, e independentemente de medidas que se venham tomar com relação à formação de professores em nível superior, convém dedicar todo esforço na formação em serviço das centenas de milhares de professores que já estão nas escolas formando (?) as novas gerações. Essa parece ser uma forma efetiva de melhorar a escola de hoje e, ao mesmo tempo, contribuir para a formação do professor de amanhã.

Em suma, as reflexões sobre a estrutura curricular da escola fundamental corroboram considerações sobre os demais aspectos da estrutura total da escola feitas neste livro: a concepção global da escola precisa mudar se quisermos que ela seja adequada a uma educação comprometida com a formação de sujeitos humano-históricos, portadores de cultura e que usufruem dos bens culturais como direito universal. Em vista disso, as mudanças no currículo do ensino fundamental devem se articular com as demais transformações que nossa tradicional escola exige: na estrutura administrativa, na estrutura didática, no trabalho docente, na atividade discente e na participação da comunidade. O processo pedagógico escolar, à luz dos avanços científicos na área da Pedagogia, e de acordo com sua especificidade humano-social, precisa ser contemplado com tempos e espaços que favoreçam seu pleno desenvolvimento e que garantam sua realização como prática democrática enriquecedora de personalidades cidadãs.

Na tentativa de discutir a forma como se realiza o trabalho docente, com vistas a tornar a estrutura da escola adequada a uma prática escolar democrática, percebemos que o elemento mais conspícuo dessa discussão é, sem dúvida nenhuma, a especificidade do trabalho pedagógico. Este se diferencia de maneira radical do trabalho na produção tipicamente capitalista, porque seu objeto de trabalho (o aluno) precisa ser também sujeito, ou seja, ele é coprodutor num processo de trabalho que tem por fim a formação de sua personalidade em termos humano-históricos. Como sujeito, somente com o envolvimento de sua vontade o processo ensino-aprendizado pode dar-se; do que decorre que o trabalhador (o professor) também precisa ser um sujeito, um portador de vontade (orientada para o ensino). O objeto de trabalho na produção educativa escolar não é, portanto, um mero objeto externo que se comporta passivamente em relação a sua transformação pelo professor (trabalhador). Por isso, diferentemente do trabalhador comum, cujo motivo para trabalhar é essencialmente o salário (motivação extrínseca à atividade), o professor, além de tal motivação, precisa também de uma motivação intrínseca, que lhe possibilite *envolver-se* com o educando, produzindo, com este, sua transformação.

Esse raciocínio favorece a compreensão do absurdo que configuram certas medidas, transplantadas da realidade empresarial capitalista para a escola, como é o caso da remuneração por mérito adotada como incentivo para que o professor melhore sua produtividade. Essa medida ou supõe que o professor é relapso e precisa de um maior motivo externo para trabalhar — e nesse caso acaba por premiar os mais medíocres, visto que os que já cumprem suas obrigações não terão maneira de melhorar seu desempenho — ou assume que o salário do professor está aquém do necessário para ele realizar a contento suas atribuições — caso em que medidas tópicas acabam funcionando como meros prêmios de consolação.

A insistência com que os administradores dos sistemas de ensino procuram culpar a qualificação do professor pela baixa qualidade da educação escolar tem funcionado como álibi para o insuficiente esforço governamental no fornecimento de condições objetivas de trabalho que possibilitem a realização de uma educação fundamental de qualidade. Entre essas condições, sobressai o salário que não é apenas insuficiente, mas também defasado com relação à importância do trabalho docente. O não reconhecimento social dessa importância tem a ver com o prestígio do magistério que tem decaído enormemente. Mas tal prestígio só crescerá num grau que faça justiça à dignidade da educação escolar quando esta deixar de ser pretensa transmissora meramente de conhecimentos (setor em que sofre a concorrência de mecanismos e instituições muito mais eficientes do que ela) e assumir seu necessário *status* de instituição cultural, incumbida de produzir educação em seu sentido pleno.

O oferecimento de condições ideais de trabalho na instituição escolar deve iniciar-se com a preocupação com relação à formação docente. Esta merece cuidados no que se refere tanto à formação regular dos docentes quanto à formação em serviço dos atuais educadores escolares. Com relação à formação regular, há uma multiplicidade de fatores a serem considerados que têm merecido a atenção de quantidade considerável de estudos e pesquisas. Um desses fatores, que mereceria atenção toda especial, refere-se ao combate incisivo que precisa ser travado contra certa concepção tradicional de educação que ainda parece predominar entre os professores formadores de professores.

No que concerne à formação em serviço, esta deveria ser parte de um amplo programa de assistência pedagógica oferecida à escola por parte dos órgãos superiores dos sistemas de ensino. Um elemento de importância a ser previsto nesse programa seria um consistente sistema de comunicação entre as Secretarias de Educação e os trabalhadores escolares, por meio de algum periódico impresso, que não apenas levasse aos estabelecimentos de ensino informações sobre a vida nas escolas e o andamento de medidas relacionadas à melhoria da educação, mas também incluísse textos formativos que disseminassem uma visão mais avançada de educação e contribuíssem para o aperfeiçoamento técnico-pedagógico do pessoal escolar.

Com relação à formação em serviço propriamente dita, certamente não deveriam faltar os cursos de curta duração e a organização de congressos e seminários que tratassem de temas atuais da prática pedagógica e contassem com autores idôneos da Pedagogia e áreas afins. Mas, para que a formação em serviço esteja presente no dia a dia dos docentes, uma medida de grande valia seria a institucionalização dos grupos de formação de professores, por meio dos quais os professores estudariam e discutiriam textos de boa qualidade que tocassem nos temas relacionados à prática pedagógica e propiciassem a oportunidade importante de os docentes tratarem coletivamente de questões educativas.

Outra medida que pode provocar significativos avanços na prática educativa de professores é a avaliação interna, nas formas de autoavaliação e de avaliação recíproca como descrevemos no capítulo 5. Essas modalidades de avaliação não devem ser instituídas ou organizadas de modo obrigatório e formal, mas antes serem o resultado de um real interesse do Estado na melhoria da prática docente, que encontraria em sua política de gestão escolar formas democráticas de convencer os educadores a aderirem a tais processos.

Todas essas medidas, obviamente, supõem um corpo de professores interessados e com condições objetivas para desenvolver seu trabalho à altura da dignidade e importância de que ele se reveste. Por isso, aliada a políticas de responsabilização, supervisão e avaliação do ensino, não se pode deixar de instituir uma carreira de magistério, de dedicação exclusiva ao ensino público, com tempos e espaços adequados para educar crianças, planejar e avaliar seu trabalho e participar dos processos de formação.

No contexto escolar, a promoção da autonomia do educando depende da própria realização da educação como prática democrática. Por um lado, no processo pedagógico, para que o educando queira aprender, é suposta a constituição de sua subjetividade (= condição de autor). Além disso, à medida que aprende, ele se apropria progressivamente de maiores porções de cultura, isto é, ele se faz mais autônomo, mais capaz de governar-se e fazer-se senhor de seu próprio caráter e personalidade.

Dessa perspectiva, o tema da autonomia se entrelaça com o da educação, razão pela qual ele esteve presente em praticamente todo este livro. No capítulo que trata dessa questão, detivemo-nos em alguns temas sugeridos pela coleta de dados empíricos. Vimos, então, que um dos aspectos que os entrevistados associam à autonomia do educando é a disciplina. Para o exame dessa questão, é importante lançar mão da contribuição de Herbart (2003) a respeito da diferença entre governo e disciplina no contexto educacional. O primeiro tem caráter inflexível e deve ser respeitado irrestritamente, mesmo que o educando não consiga entender sua razão de ser. Já a disciplina faz parte da própria formação do indivíduo, de tal forma que, quando ela de fato se realiza, acaba por revelar-se como *autodisciplina*.

Na escola pesquisada, não foram relatados casos graves de indisciplina, o que foi reputado pelos depoentes à restrição do ensino, aí, ao primeiro ciclo do ensino fundamental, que recebe crianças muito novas e, por isso, com raros problemas de desobediência e rebeldia.

Com relação à ideia de uma participação mais radical dos estudantes na formulação de regras e tomadas de decisão na escola, os entrevistados se mostraram receptivos, embora alguns mostrassem certo receio de uma tão grande transformação no modo de ser da escola. A ideia, entretanto, parece decorrência natural da decisão de se levar às últimas consequências a necessária coerência entre a educação como prática democrática e o método utilizado para a gestão da agência em que se dá essa prática.

A realização da escola promotora de uma educação que consiga formar cidadãos autônomos, por meio de prática democrática, presente não apenas na situação de ensino mas em todas as ações no âmbito escolar, é um empreendimento que exige o envolvimento de educadores providos de alta competência pedagógica, mas também de sólida formação política. Certamente, a transformação da estrutura total da escola de modo a servir a esse propósito não é empresa fácil, mas é sempre preciso saber onde está o horizonte que impulsiona e orienta a ação dos homens.

Em qualquer projeto que vise a dar uma nova estrutura à educação escolar, a importância da integração e participação da comunidade na escola decorre, por um lado, da necessidade de controle democrático do Estado por parte dos usuários de seus serviços, por outro, da necessária continuidade entre educação familiar e educação escolar. Essa participação pode ser de dois tipos: a participação de representantes eleitos nos mecanismos coletivos, como o conselho de escola e a associação de pais e mestres, e a participação presencial nas atividades da unidade escolar, como festas, cursos, comemorações e outras atividades criadas na escola especialmente para propiciar essa participação direta.

Uma das medidas importantes para a facilitação da participação é precisamente a tomada de consciência por parte dos educadores escolares da relevância dessa participação para o desenvolvimento de uma educação de qualidade. Uma medida nesse sentido, além da inclusão do tema na formação em serviço do pessoal escolar, pode ser a indução dos professores a entrarem em contato direto com as famílias de seus alunos, para sentir os problemas de sua realidade e desenvolver maior compreensão e generosidade com relação a esses problemas.

Quanto à natureza da participação da comunidade na escola, pode-se falar em participação na execução e na tomada de decisões. Esta última é, sem dúvida, a base sobre a qual deve erigir-se a verdadeira integração da comunidade na escola. O seu significado maior é o reconhecimento de